北京重大活动气象保障
经验与启示

甘 璐 段欲晓 时少英 主编

内容简介

本书旨在帮助广大气象服务人员更好地开展重大活动气象保障工作，北京气象工作者经常为重要政治活动、重要国际会议和国际体育赛事提供气象保障服务。本书介绍了北京气象工作者在历年实践过程中构建的重大活动气象保障体系，包括各项重大活动中的气象观测、预报、服务、关键技术研究，以及工作流程、标准规范、经验与启示等。同时，选取了6个重大活动典型案例，更加形象化地重现重大活动气象保障场景。

本书仅供气象部门内部交流使用。

图书在版编目（CIP）数据

北京重大活动气象保障经验与启示 / 甘璐，段欲晓，时少英主编. -- 北京：气象出版社，2023.4
ISBN 978-7-5029-7947-8

Ⅰ．①北… Ⅱ．①甘… ②段… ③时… Ⅲ．①气象服务－经验－北京 Ⅳ．①P451

中国国家版本馆CIP数据核字(2023)第052939号

北京重大活动气象保障经验与启示
BEIJING ZHONGDA HUODONG QIXIANG BAOZHANG JINGYAN YU QISHI

甘　璐　段欲晓　时少英　主编

出版发行：气象出版社
地　　址：北京市海淀区中关村南大街46号　　邮政编码：100081
电　　话：010-68407112（总编室）　010-68408042（发行部）
网　　址：http://www.qxcbs.com　　E-mail：qxcbs@cma.gov.cn
责任编辑：王元庆　　终　　审：张　斌
责任校对：张硕杰　　责任技编：赵相宁
封面设计：艺点设计
印　　刷：北京建宏印刷有限公司
开　　本：787 mm×1092 mm　1/16　　印　　张：9.75
字　　数：249千字
版　　次：2023年4月第1版　　印　　次：2023年4月第1次印刷
定　　价：78.00元

本书如存在文字不清、漏印以及缺页、倒页、脱页等，请与本社发行部联系调换。

本书编委会

主　　编：甘　璐　段欲晓　时少英
参编人员（按作者姓名汉语拼音排序）：
　　　　　　胡瑞卿　荆　浩　刘　燕
　　　　　　穆启占　施洪波　王　辉
　　　　　　王媛媛　吴宏议　轩春怡
　　　　　　杨　洁　尤焕苓
专家顾问：刘　强　季崇萍　郭文利
　　　　　　刘旭林　王　冀　陈明轩
　　　　　　熊亚军　刘勇洪　孟金平
　　　　　　李　津　刘冀军

序

北京作为政治中心、文化中心、国际交往中心、科技创新中心，重大活动保障任务多、要求高、难度大。2008年北京奥运会成功举办以来，北京市气象局每年承办的重大活动保障任务30至50场。气象保障已经逐步成为重大活动组织实施和运行体系中必不可少的组成部分。

为了进一步提高重大活动气象保障能力，北京气象工作者不断开展探索性工作，逐步建立、健全了一整套工作机制及技术体系。2015年北京市气象局牵头完成气象行业标准《大型活动气象服务指南 工作流程》，高度凝练了重大活动气象保障工作流程。如何更全面、更有针对性地开展重大活动气象保障工作，还需要更加具体、完备的技术手册。

本书梳理了北京市气象局在开展重大活动气象保障过程中形成的业务流程、工作机制、标准规范，以及相应的经验总结和服务策略。通过典型保障案例，力图重现北京在复杂地理环境和特定条件下开展重大活动保障的场景，希望对于全国其他省（区、市）开展重大活动气象保障具有参考和借鉴意义。

（北京市气象局党组书记、局长　郝丽萍）

2023年3月

前　言

为了帮助气象服务人员更好地开展重大活动气象保障工作，编写组从 2017 年开始策划本书的撰写，历时 6 年收集素材、整编文字形成书稿。编写组成员主要由北京市气象局长期从事重大活动气象保障的管理人员、服务首席和一线业务骨干组成，重大活动保障经验丰富。同时，聘请气象观测、预报、服务领域的专家担任顾问，对本书的撰写提出许多宝贵的意见和建议。为了使本书能真正成为从事重大活动气象服务人员的参考和可用之书，编写组全体成员查阅了大量文献和参考资料，历经多次认真研讨和修改。

本书共分为 5 章。第 1 章地理气候特征及影响，分析了北京重大活动气象保障是在复杂的地理环境和特定条件下开展，包括复杂的下垫面特征、重大活动常态化点位概况，以及主要气象条件的影响等。第 2 章重大活动保障概况，介绍北京历年重大活动气象保障构建的体系和经验与启示。第 3 章业务工作流程，介绍从重大活动筹备期至结束期，气象部门在不同阶段需要开展的重点工作。第 4 章典型保障案例，选取具有代表性的个例，力图重现重大活动气象保障场景。第 5 章未来发展，提出提升重大活动气象保障能力的对策和建议。

本书在典型保障案例选取方面遵循是否具有代表性、启发性或者推广意义的角度统筹考虑，既有成功保障的个例，也有服务效果偏差较大的个例。其中，2017 年北京马拉松保障在气象服务模式方面有所创新，该模式获评首届全国气象服务创新大赛奖励；2018 年全民健身日活动保障属于预报结果基本准确，现场服务沟通衔接方面有待于进一步提高；2019 年"一带一路"高峰论坛保障，既是预报与实况有偏差，服务也有待于改进的案例，对于现场服务应对具有一定的启示意义；2019 年世园会保障属于"弱降雨、高影响"，最是容易让服务人员产生纠结心理；2019 年的国庆 70 周年庆祝活动气象保障工作在科学管理、技术体系、会商机制等方面有所创新，获得中国气象局创新管理工作优秀奖；2022 年冬奥会气象保障获得北京冬奥组委评价"一流的气象服务保障"，作为典型个例可以更加全面地、全链条重现不同阶段的工作。

本书编写得到中国气象局决策气象服务专项、北京市科学技术协会、北京市科协防灾减灾专业智库基地、北京气象学会资助。北京市气象局各位领导及专家对本书的编写给予了高度重视和大力支持，在此表示感谢。

本书的很多内容参考了许多人的研究成果，除参考文献所列正式刊登的论文、论著外，还有很多资料来自会议、报告、方案等素材。对没有正式发表的文献未能一一列出作者和出处，恳请有关人员谅解，在此也深表谢意。

编者

2023 年 3 月

目 录

序
前言

第 1 章 地理气候特征及影响 ... 1
1.1 地理环境特点 ... 1
1.2 重大活动常态化点位 ... 3
1.3 主要气象条件的影响 ... 11

第 2 章 重大活动保障概况 ... 15
2.1 基本概况 ... 15
2.2 气象服务开展情况 ... 17
2.3 重大活动保障体系 ... 20
2.4 经验与启示 ... 26

第 3 章 业务工作流程 ... 30
3.1 筹备期工作 ... 30
3.1.1 气象服务需求调研分析 ... 30
3.1.2 气候背景分析与气象灾害风险评估 ... 31
3.1.3 气象服务方案编制 ... 33
3.1.4 业务系统建设 ... 33
3.1.5 关键技术研究 ... 37
3.1.6 团队建设 ... 40
3.2 测试演练期 ... 40
3.2.1 演练工作要求 ... 40
3.2.2 气象部门内部演练 ... 41
3.2.3 组委会组织的演练 ... 41
3.2.4 通过演练完善应急预案 ... 41
3.3 运行保障期 ... 42
3.3.1 加密气象观测 ... 42
3.3.2 天气会商与预报预警 ... 43
3.3.3 跟进式服务 ... 43
3.3.4 现场气象服务 ... 44
3.3.5 城市安全运行服务 ... 47
3.3.6 新闻宣传科普工作 ... 47

3.4 评估总结期 ……………………………………………………………………… 48
 3.4.1 效益评估 ………………………………………………………………… 48
 3.4.2 服务总结 ………………………………………………………………… 48

第 4 章 典型保障案例 …………………………………………………………………… 49

4.1 第三十七届北京马拉松活动 …………………………………………………… 49
 4.1.1 马拉松赛事服务需求 …………………………………………………… 49
 4.1.2 北马期间天气情况 ……………………………………………………… 51
 4.1.3 气象服务工作回顾 ……………………………………………………… 53
 4.1.4 气象服务工作亮点 ……………………………………………………… 56
 4.1.5 气象服务效果 …………………………………………………………… 56
 4.1.6 小结与讨论 ……………………………………………………………… 57

4.2 全民健身日启动会现场服务 …………………………………………………… 57
 4.2.1 气象保障需求 …………………………………………………………… 58
 4.2.2 天气情况概述 …………………………………………………………… 59
 4.2.3 天气形势分析 …………………………………………………………… 60
 4.2.4 数值模式预报 …………………………………………………………… 61
 4.2.5 气象服务回顾 …………………………………………………………… 63
 4.2.6 气象服务效果 …………………………………………………………… 66
 4.2.7 小结与讨论 ……………………………………………………………… 66

4.3 第二届"一带一路"国际合作高峰论坛 ………………………………………… 68
 4.3.1 气象保障需求 …………………………………………………………… 68
 4.3.2 天气情况概述 …………………………………………………………… 68
 4.3.3 环流形势及短临监测 …………………………………………………… 69
 4.3.4 数值模式预报 …………………………………………………………… 74
 4.3.5 气象服务回顾 …………………………………………………………… 77
 4.3.6 小结与讨论 ……………………………………………………………… 79

4.4 中国(北京)世界园艺博览会开幕式 …………………………………………… 80
 4.4.1 开幕式保障需求及难点 ………………………………………………… 81
 4.4.2 前期筹备工作 …………………………………………………………… 83
 4.4.3 开幕式天气概况 ………………………………………………………… 85
 4.4.4 天气实况分析 …………………………………………………………… 87
 4.4.5 数值模式预报 …………………………………………………………… 88
 4.4.6 气象服务回顾 …………………………………………………………… 92
 4.4.7 小结与讨论 ……………………………………………………………… 94

4.5 新中国成立 70 周年庆祝活动 ………………………………………………… 94
 4.5.1 庆祝活动筹备工作 ……………………………………………………… 95
 4.5.2 演练期气象保障 ………………………………………………………… 108
 4.5.3 正式运行保障 …………………………………………………………… 110

		4.5.4 气象保障创新点	112
		4.5.5 取得的预期成效	112
		4.5.6 小结与讨论	113
	4.6	北京2022年冬季奥运会气象保障	114
		4.6.1 筹备期	114
		4.6.2 演练期	128
		4.6.3 运行保障期	130
		4.6.4 评估总结期	136
		4.6.5 小结与讨论	137

第5章 未来发展 138

5.1 机遇和挑战 138

5.2 存在的问题 139

5.3 对策与建议 140

5.4 小结与讨论 142

参考文献 143

第1章　地理气候特征及影响

　　北京重大活动气象保障是在复杂的地理环境,以及特定条件下开展。本章首先介绍复杂的下垫面地形特点:北京西部、北部为群山环绕,东南大部地区为平原,这种独特的地理分布也使得北京的天气复杂多变,天气可预报性降低,给重大活动保障带来挑战。其次,梳理了经常举办重大活动的点位,进一步分析下垫面特征,以及历次活动保障形成的经验。最后,分析了主要气象条件对重大活动的影响,为开展基于风险的预报积累经验。

1.1　地理环境特点

（1）地形地貌

　　北京位于华北平原的西北隅,东经115°25′至117°30′E、北纬39°28′至41°05′N,总面积约为16800 km²,其中山区面积10200 km²,约占62%,平原约占38%(图1.1)。地形西北高,东南低,三面群山环抱,形成"北京湾"。西部为西山,属太行山脉;北部和东北部为军都山,属燕山山脉。北京山脊平均海拔1000 m左右,西、北、东北方向三座主峰海拔达2100～2300 m,最高的山峰为京西门头沟区的东灵山,海拔2303 m;中部、东南部是山前平原,向渤海湾平缓过渡,海拔10～100 m,通州区东南边界海拔最低。整体看来,北京的地形背山面海,就像一个簸箕,非常有利于对流天气的发生发展,特别是在山前一带。

图1.1　北京地区地形分布图

(2)流域分布及水库

北京市境有大小河流共425条,分属海河流域的五大水系,即西南部的大清河水系、西部和中南部的永定河水系、中部和东南部的北运河水系、东北部和东部的潮白河水系、东部的蓟运河水系(图1.2)。受北京市地势控制,五大水系基本上都由西北向东南流。其中,永定河、潮白河为本市两大主要水系。永定河源于雁北黄土高原,横切太行山之北尾蜿蜒而下;潮白河源于坝上草原,纵贯军都山逶迤南下。两河分别停蓄于官厅、密云水库,尔后流向东南,注入渤海。此外,流经本市的还有温榆河—北运河、拒马河和泃河—蓟运河等水系。除密云水库、官厅水库、怀柔水库、十三陵水库和海子水库等大中型水库外,近郊及市区还有昆明湖、玉渊潭、北海、前海、后海、陶然亭湖和紫竹院湖等小湖泊30余个,这些水库和湖泊对小气候有一定的调节作用。

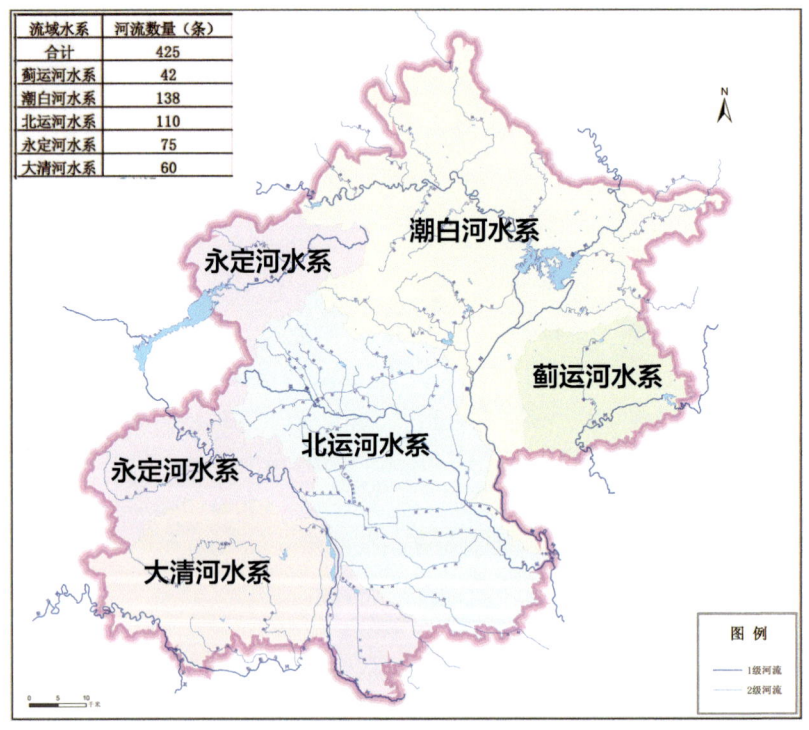

图1.2　北京市河流分布图

(3)北京气候概况

北京地处欧亚大陆的东岸边缘,虽东濒海洋,但海洋对气候的影响主要体现在夏季,其他季节主要受西风带大气环流的影响,属于暖温带半湿润半干旱季风气候。北京的地理位置和地形决定了北京气候的以下特点:

①降水集中且降水强度大。北京处在大陆干冷气团向东南移动的通道上,每年从10月至次年5月几乎完全受来自西伯利亚的干冷气团控制,只有6至9月三个多月受到海洋暖湿气团的影响。所以降水主要集中在夏季,7月、8月最为集中。降水量的年际变化很大,丰水年和枯水年雨量悬殊明显。

②降水量地区分布不均。华北平原西部太行山、北部燕山的地形对迎风气流有抬升作用,山前迎风坡形成多雨区,特别遇喇叭口地形附近降水量增加更为明显,而背风坡形成少雨区。

③山前平原增温显著。冷空气由于受到太行山脉阻挡以及下沉增温作用,致使北京平原地区冬季气温比临近的同纬度地区偏高,形成山前暖区。

④风向日变化显著。"北京湾"的特殊地形使得北京地区山谷风明显,平原地区午后多偏南风,午夜转偏北风。南口、古北口等地,沿山间河谷形成较周围地区风速明显偏大的风口。

⑤华北平原低洼地形容易形成低能见度天气。

1.2 重大活动常态化点位

北京地区每年举办的常态化和非常态化重大活动大概30余项,主要集中在首都功能核心区、国家体育场、石景山首钢园、怀柔雁栖湖、通州大运河森林公园、延庆海陀山等几个常态化点位(图1.3)。掌握常态化点位周边地形地貌特点、气候特征,开展基于风险的预报预警,是做好重大活动气象保障的重要方面。

图1.3 北京重大活动常态化举办点位及交通场站

(1)天安门广场区域

天安门广场是世界上最大的城市中心广场,北起天安门,南至正阳门,东起中国国家博物馆,西至人民大会堂,南北长880 m,东西宽500 m,占地面积44 hm²,可容纳100万人举行盛大集会。每年的北京马拉松(起点),以及2019年国庆70周年庆祝活动等重大活动均在天安门广场及周边举行。

天安门广场位于北京主城区,具有典型的大城市气候特征。天安门广场自动气象站建于2001年,气象观测要素包括温度、气压、湿度、降水、风向风速和能见度。根据该站气象观测资料统计分析表明,2013—2022年天安门地区平均年降水量538.1 mm,中雨及以上降水年平均日数14.4天,平均气温14.6 ℃,平均高温日数14.6天,极端最高气温41.3 ℃(2014年5月29日),极端最低气温-18.4 ℃(2021年1月6日),极大风速22.2 m/s(2019年12月11日)。为了进一步开展气候特征分析和气象风险评估等工作,可以选取首都功能核心区周边的朝阳、海淀、丰台、石景山、观象台等国家级气象观测站作为参考站,这几个站都在平原地区,气象观测资料质量和时间序列方面都相对较好。

由于广场地势空旷且无遮挡,重大活动期间若出现降雨,人员无法快速转移避雨,对天气预报的提前量要求更高。夏季晴晒天气条件下,由于广场为水泥地面,吸热快、长波辐射强,午后气温容易比想象的要高,需做好防暑降温的风险提示。另外,大风天气条件下需要及时提醒临时搭建物防风加固,由于广场较空旷,周边无高大建筑物阻挡,风力较其他地方容易偏大2~3级。结合近年来天安门地区举办的重大活动特征,提炼出常用气象要素对重大活动影响的风险阈值及相应的服务提示(详见表1.1)。2019年国庆70周年庆祝活动期间针对广场不同方位的体感温度预报产品,综合考虑了阳光照射、气温、相对湿度、风力等影响因素。

表1.1 天安门地区重大活动常用气象要素风险阈值及服务提示

要素	临界值	服务提示
降雨强度	0.1~10 mm/h	·人员应配备雨具,装备要做好防雨遮盖; ·道具及各种电子设备的搬运和安装时均需采取防雨措施
	>10 mm/h	·影响活动正常开展
大风	阵风6级	·对临时搭建物进行防风加固
	阵风7~8级	·高立的设备,摇臂、威亚等需采取防风措施
	阵风9级及以上	·影响活动正常开展
体感温度	32~35 ℃	·很不舒适,需及时补充水分,做好防暑降温
	35~38 ℃	·天气炎热,较易发生中暑,减少户外活动
	38~46 ℃	·天气很热,易发生中暑,老人、小孩和体弱人群需重点防护
	>46 ℃	·天气酷热,极易中暑,所有人群都应注意防暑降温
雷电	一般雷电	·注意人身安全,勿在空旷地区逗留;请停止高空作业;各种电子设备需采取防雷措施,及时断电
	强雷电	·影响活动正常开展
高湿	相对湿度≥80%	·长时间高湿,且气温高于30 ℃,舒适度很差,影响活动

(2)国家体育场("鸟巢")

国家体育场("鸟巢")位于北京奥林匹克公园中心区南部,为2008年北京奥运会的主体育场。建筑面积25.8万 m^2,占地20.4万 m^2,可容纳观众10万人。奥运会后成为北京市民参与体育活动及享受体育娱乐的大型专业场所,并成为地标性的体育建筑和奥运遗产。2008年奥运会、残奥会的开闭幕式、田径比赛及足球比赛决赛、2015年田径世锦赛、2021年建党百年文艺演出、2022年冬季奥运会开幕式、闭幕式等重大活动及体育赛事均在国家体育场举行。另外,国家体育场附近的国家会议中心、水立方、国家体育馆等也是常态化举办大型赛事和重大活动的场所。

国家体育场("鸟巢")建筑顶面呈鞍形(图 1.4),长轴为 332.3 m,短轴为 296.4 m,最高点高度为 68.5 m,最低点高度为 42.8 m。国家体育场周边地貌平坦,平均海拔约 40 m。参考自动气象站主要有南侧的奥体中心站(小于 1 km)和北侧奥林匹克公园站(2 km 左右),这两个站主要观测要素包括温度、气压、湿度、降水、风向风速、能见度等。同时,"鸟巢"冠顶东、西、南、北四个方位均布设了自动气象站,海拔约 80 m,观测要素主要包括气温、湿度、风向和风速。针对重大活动期间烟花燃放等活动,冠顶处风向、风力的观测对于精细化气象服务显得尤为重要。同时,为了提高气象服务的针对性和精细化,根据服务需求在观众席周边架设便携气象站,开展对比观测实验和精细化气象服务(图 1.5)。

结合国家体育场历年举办的体育赛事和演出等活动特征,以及"鸟巢"的结构特点,提炼出常用气象要素对活动影响的气象风险阈值及相应的服务提示(表 1.2)。

图 1.4 国家体育场俯瞰图(注:取自政府门户网站)　　图 1.5 "鸟巢"内部的自动气象观测站

表 1.2 "鸟巢"体育赛事和演出气象要素风险阈值及服务提示

要素	临界值	服务提示
降雨强度	0.1~10 mm/h	• 人员应配备雨具,装备要做好防雨遮盖; • 道具及各种电子设备的搬运和安装时均需采取防雨措施; • 道路湿滑,活动外围保障需注意行车安全; • 人员需做好场地防滑措施
	>10 mm/h	• 影响赛事和演出活动正常开展,视情况暂停比赛和活动。
大风	阵风 6 级	• 需对场内外临时搭建物进行防风加固; • 将对高空表演、烟花燃放产生不利影响
	阵风 7~8 级	• 高立的设备,摇臂、威亚等需采取防风措施; • 需对场内外临时搭建物进行防风加固; • 建议停止高空表演和烟花燃放
	阵风 9 级及以上	• 影响赛事和演出活动正常开展,视情况暂停比赛和活动
体感温度	<−10 ℃	• 十分寒冷,运动员、演职人员及观众需注意防寒保暖,谨防感冒、心脑血管疾病和冻伤。适宜穿厚羽绒服,戴围巾、手套、口罩和帽子,穿棉靴

续表

要素	临界值	服务提示
体感温度	−10~−5 ℃	• 寒冷,运动员、演职人员及观众需注意防寒保暖,谨防感冒和心脑血管疾病。适宜穿厚羽绒服,戴围巾、手套、口罩和帽子,穿棉靴
	−5~5 ℃	• 较冷,演职人员及观众需注意防寒保暖。适宜穿棉衣、薄羽绒服,戴围巾、手套和帽子
	5~18 ℃	• 偏冷,演职人员及观众应适当添衣保暖,可戴薄围巾、薄手套
	18 ℃~26 ℃	• 舒适,但长时间处在人群密集及封闭环境易产生疲劳感
	26 ℃~32 ℃	• 偏热,运动员、演职人员及观众需注意及时补水
	32 ℃~35 ℃	• 较热,运动员、演职人员及观众需及时补充水分,做好防暑降温工作
	≥35 ℃	• 炎热,易发生中暑,运动员、演职人员及观众需及时补充水分,做好防暑降温工作;视情况推迟赛事和演出活动
雷电	一般雷电	• 注意人身安全,勿在"鸟巢"冠顶及场外空旷地区逗留;请停止高空作业或表演;各种电子设备需采取防雷措施,及时断电
	强雷电	• 影响赛事和演出活动正常开展,建议暂停比赛和活动
高湿	相对湿度≥80%	• 长时间高湿,且气温高于30 ℃,舒适度很差,影响赛事和演出活动正常开展

(3)石景山首钢园

首钢园位于石景山区,是首钢老厂区的所在地,历史可以追溯到1919年。2003年,为推动首都发展转型和环境保护,支持2008年北京奥运会申办,首钢主厂区搬出园区。北京2022年冬奥会申办成功,冬奥主运行中心和滑雪大跳台体育项目落地首钢园。首钢滑雪大跳台作为北京赛区唯一室外竞赛场馆,赛道总长164 m,最高点60 m,赛事气象服务要求高。可以选取首钢站作为首钢园代表气象站。经分析,对滑雪大跳台赛事本身影响较大的气象要素包括降水、风、温度等。结合滑雪大跳台体育项目比赛要求和首钢周边地形特点,提炼出常用气象要素对活动影响的气象风险阈值指标(表1.3)。

表1.3 首钢园跳台滑雪体育项目气象风险阈值指标

影响因素	风	新增积雪	降水	赛道上水平能见度	气温
关键影响决策点	风速>4 m/s,风向变化>90°或上下坡风速差≥4 m/s	赛前或赛时每小时新增积雪≥3 cm		<500 m	气温<−20 ℃
考虑因素	风速 3~4 m/s,风向变化45°~90°		有无降水		气温>0 ℃

首钢园不断进行利旧改造,打造现代化的会展场所(图1.6)。后冬奥时代,滑雪大跳台通过转换赛道上的可变剖面,转换为自由式滑雪空中技巧赛道,运动员在同一场馆就可以完成不同跳跃类项目的训练和比赛。2021年、2022年作为中国国际服务贸易会双会场之一(国家会议中心为另一会场),2020年、2021年、2022年承办北京新年倒计时活动。同时,首钢园也在打造科幻产业聚集区,吸引了大量的科幻企业汇聚。未来,首钢园将承办更多的重大活动,属于气象服务保障的常态化点位。

图 1.6 石景山首钢园区及周边地形分布

(4) 通州大运河森林公园

通州大运河森林公园位于北京市通州区通州新城北运河两侧,北京城市副中心行政办公区南侧(图 1.7)。大运河森林公园北起六环路潞阳桥、南至武窑桥,河道全长约 8.6 km,左堤长 8191 m,右堤长 3639 m,总建设面积 713 hm² (约 10700 亩);其中水面面积约 2500 亩,绿化面积约 8200 亩。北京 2022 年冬奥会火炬接力启动仪式、北京(国际)运河文化节开幕式以及

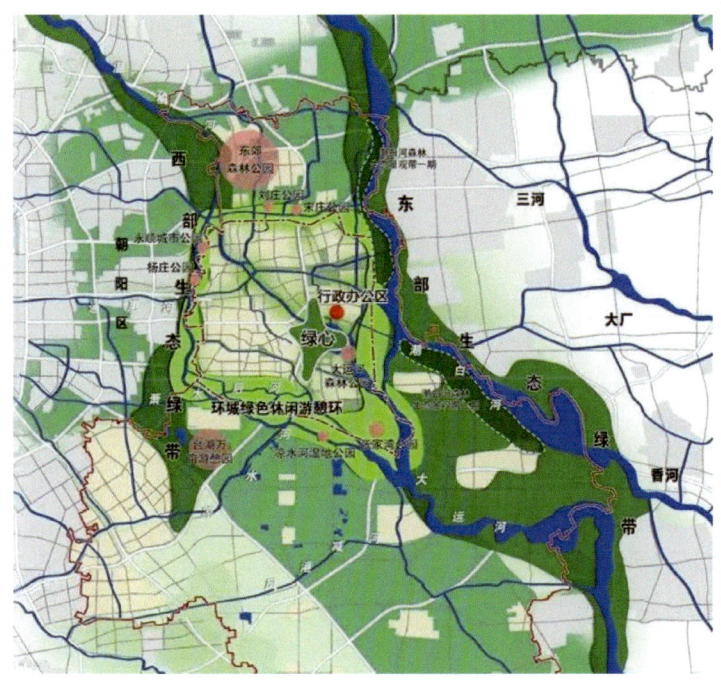

图 1.7 通州大运河森林公园

每年的植树活动等均在大运河森林公园举办。随着城市副中心配套设施的完善,未来将有越来越多的重大活动在大运河森林公园及周边地区举办。

大运河森林公园所处的通州区属于北京的东南部,是一片缓缓向渤海湾倾斜的平原。通常以国家级气象站通州本站为代表站分析气候特征。2011年以来通州年平均暴雨日数为1.9天,极端最高气温为41.5 ℃(2014年5月29日),年平均高温日数约为11.4天。另外,东南部地区是人们生活、生产、交通相对集中的地区,使大气中的气溶胶粒子不断增多,降低了城市大气能见度,再加上地形造成的局地环流,使得偏南风出现频率在一天中较其他地区要高,这样有利于周边城市污染物向北京地区输送,共同作用的结果是使得该地区成为低能见度的高发区。

(5)怀柔雁栖湖

雁栖湖位于北京郊区怀柔城北8 km处的燕山脚下,是以湖面为中心的水陆区域(图1.8)。每年春秋两季常有成群的大雁来湖中栖息,故而得名。雁栖湖三面环山,北有军都山,海拔1200 m;西有红螺山,海拔811 m;东有金灯山,海拔186 m,形成天然屏障。雁栖湖核心是雁栖岛,岛内总面积约65 hm²,总建筑面积18万 m²。雁栖湖国际会议中心位于雁栖岛中心,服务于大型会议。2014年11月APEC峰会在北京雁栖湖拉开帷幕,2017年5月上旬首届"一带一路"国际合作高峰论坛、2019年4月第二届"一带一路"国际合作高峰论坛等均在雁栖湖举行。借助APEC会议的影响和自身生态环境的优势,雁栖湖吸引着各类会议批量落地。后APEC时代,雁栖湖生态发展示范区逐步加快北京交流中心建设,分担北京市中心的国际政经会议、学术会议和重要外交会议。雁栖湖国际会议中心是举办重大活动的地区,也是气象保障的关键点位。另外,雁栖湖景区的快艇、游船、水上飞伞等娱乐项目也对气象条件十分关注。

怀柔雁栖湖处于北京西部山前一带,特别是降雨云团从西南往东北移动过程中,遇到地形作用往往容易加强。另外,由于地形作用,周边容易形成地形辐合线,雷雨云团经过西部山区下山后,经过时可能会进一步发展。据统计,2011年以来怀柔地区(以国家级气象站怀柔本站数据为准,下同),年平均暴雨日数为2天,极端最高气温为40.7 ℃(2014年5月29日)。雁栖湖代表气象站选取雁栖湖生态示范区站,海拔91 m。

图1.8 怀柔雁栖湖周边地形分布

(6)延庆海陀山

海陀山位于北京延庆区张山营镇,属于燕山山脉军都山系,距离北京中心城区130 km。

海陀山主峰海拔 2241 m,为北京第二高峰,延庆区第一高峰。北京 2022 年冬奥会高山滑雪项目和雪车雪橇项目均在延庆赛区举办。海陀山赛区地形复杂(图 1.9),"一山有四季,十里不同天"是常见现象。为此,冬奥期间延庆赛区沿着赛道附近加建了 11 套自动气象站。海拔最高的自动观测站点 S1 站 2179 m,赛道结束点 S8 自动站海拔高度 1285 m,站点海拔高度相差达 894 m。

早在申办北京冬奥会之初,中国就向国际社会做出"带动三亿人参与冰雪运动"的承诺。北京 2022 年冬奥会点燃了中国冰雪运动的导火线,国内冰雪产业迎来了发展机遇,滑雪项目越来越受到公众的欢迎。延庆海陀山赛区作为承办北京 2022 年冬奥会滑雪项目的举办地,各项滑雪基础设施也达到了国际水平。后冬奥时代,也将继续承办冬季体育赛事活动的冰雪训练等,继续发挥重要的作用。

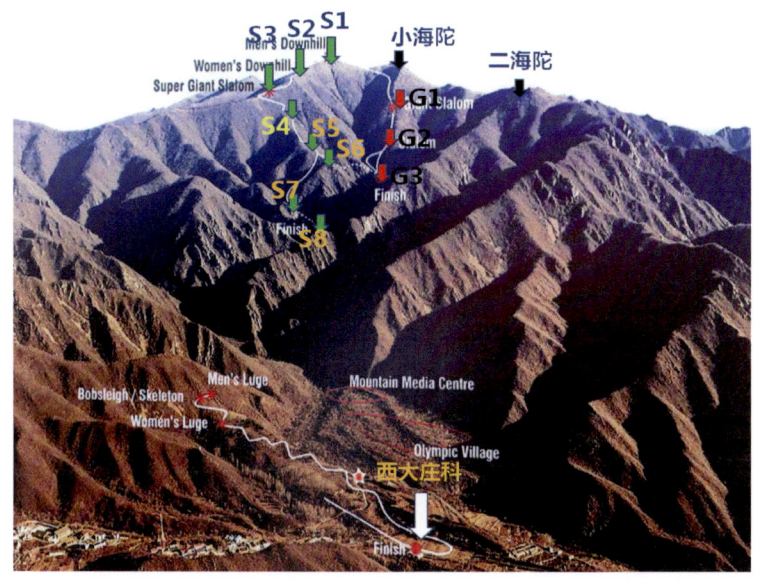

图 1.9　延庆赛区地形与自动站分布

北京 2022 年冬奥期间,延庆赛区主要承担着高山滑雪和雪车雪橇项目。高山滑雪项目被誉为"冬奥会皇冠上的明珠",也是所有冬奥比赛项目中对气象条件要求最为苛刻的赛事之一。能见度过低会影响运动员和裁判员的视线,风速过大会影响运动员的滑行和跳跃的安全性和公平性,还会对缆车运行造成影响,雪温和雪质对运动员雪板打蜡的种类和多少有直接影响,降雪会导致赛道积雪,影响赛事是否能够进行,降雨则会破坏赛道冰状雪。在往年冬奥会高山滑雪项目中,出现过多次因为天气原因取消或推迟比赛的事件。依托北京冬奥会的举办,初步提炼出常用气象要素对高山滑雪赛事影响的风险阈值(表 1.4)。

表 1.4　海陀山高山滑雪体育项目气象风险阈值指标表

要素影响	瞬时风速 (m/s)	新增雪深 (mm)	降水量 (雨或雨夹雪) (mm)	降水相态	赛道上水平能见度 (m)	气温 (℃)
Ⅰ级 (无风险)	$v \leqslant 11$	$h_2 \leqslant 2$ 或 $h_{24} \leqslant 5$	无降水量	——	$V_0 \geqslant 500$	$T_0 \leqslant 0$ 或 $T_1 > -16$

续表

要素影响	瞬时风速 (m/s)	新增雪深 (mm)	降水量（雨或雨夹雪）(mm)	降水相态	赛道上水平能见度 (m)	气温 (℃)
Ⅱ级（低风险）	$11<v\leq14$	$2<h_2\leq4$ 或 $5<h_{24}\leq15$	$R_6\leq0.2$	雨夹雪、雨或冻雨;雪	$200\leq V_1<500$	$0<T_0\leq5$ 或 $-18<T_1\leq-16$
Ⅲ级（中风险）	$14<v\leq17$	$4<h_2\leq6$ 或 $15<h_{24}\leq30$	$0.2<R_6\leq15$	雨夹雪、雨或冻雨;雪	$100\leq V_1<200$	$T_0>5$ 且 T_1（一半以上雪道）<0；或 $-20<T_1\leq-18$
Ⅳ级（高风险）	$v>17$	$h_2>6$ 或 $h_{24}>30$	$R_6>15$	雨夹雪、雨或冻雨;雪	$V_0<100$	$T_0>5$ 且 T_1（一半以上雪道）≥0；或 $T_1\leq-20$

说明：h_2：2 h 新增雪深；h_{24}：24 h 新增雪深；R_6：6 h 降雨量；V_0：雪道整体区域气象能见度；V_1：雪道局部区域气象能见度；T_0：日最高气温；T_1：日最低气温。预计将出现雨夹雪、雨或冻雨现象时，宜结合降水量确定风险等级；预计将出现雪现象时，宜结合新增雪深确定风险等级。

雪车、钢架雪车和雪橇滑行时速度可以高达 145 km/h，也被称为奥运会上最危险的运动。雪车雪橇比赛最理想气象条件是晴天，气温 0 ℃ 或低于 0 ℃。不利气象条件会对赛道冰况产生一定影响，运动员会时时监视天气来确定使用的滑行装置。天气太过暖和，气温过高，启动制冷后赛道冰面会形成一层霜，从而使比赛速度下降。天气太冷，气温过低，会导致冰面变黏。相对湿度过高则会导致结霜。下雪时，特别是风吹雪，雪花可能吹进赛道，就可能造成滑速下降，雪车雪橇的方向不好控制。依托北京冬奥会的举办，提炼出雪车雪橇气象影响阈值指标（表1.5）。

表 1.5 海陀山雪车雪橇体育项目气象条件阈值指标

影响因素	风	能见度	降水	新增积雪	气温和相对湿度
关键影响决策点		裁判视程<30 m		6 小时新增积雪深度>15 cm 或 12 小时新增积雪深度>30 cm	
重要影响决策点	≥15 m/s			12 小时新增积雪深度 15～30 cm	气温接近露点温度
考虑因素	13～15 m/s		是否下雨		日平均气温>4 ℃，相对湿度<30%（或相对湿度>65%）

(7) 关键交通枢纽

交通出行安全和通行效率容易受到不利气象条件的影响。重大活动开始和结束期间，需要关注重要交通枢纽和交通沿线的气象条件，为会议参会代表、运动员、技术官员、媒体记者及观众等往返于活动举办地、重要交通枢纽等提供交通气象服务。如果伴随大雾、降雪、冰冻等天气，交通压力加大，也会影响到餐饮、住宿、物流、医疗、票务、应急救援等。

首都国际机场和大兴国际机场是最为重要的机场枢纽。首都机场高速路是连接北京市区和北京首都国际机场的高速路，全程 19 km，除了降雨、大风等常规气象要素外，还需关注低能见度，以及降雪引发的"地穿甲"现象对交通的影响，机场高速公路曾出现因小雪导致的"地穿甲"现象,引发 20 余辆车连环追尾。

北京大兴国际机场高速公路(图 1.10),简称大兴机场高速(原名简称新机场高速),是连接北京市中心城区和北京大兴国际机场的重要道路,起点位于北京市大兴区西红门地区小白楼村南五环小白楼桥,终点位于河北省廊坊市广阳区北京大兴国际机场北围界,主线全长约 27 km。此外,北京西站、北京南站等交通枢纽也是重点保障区域。

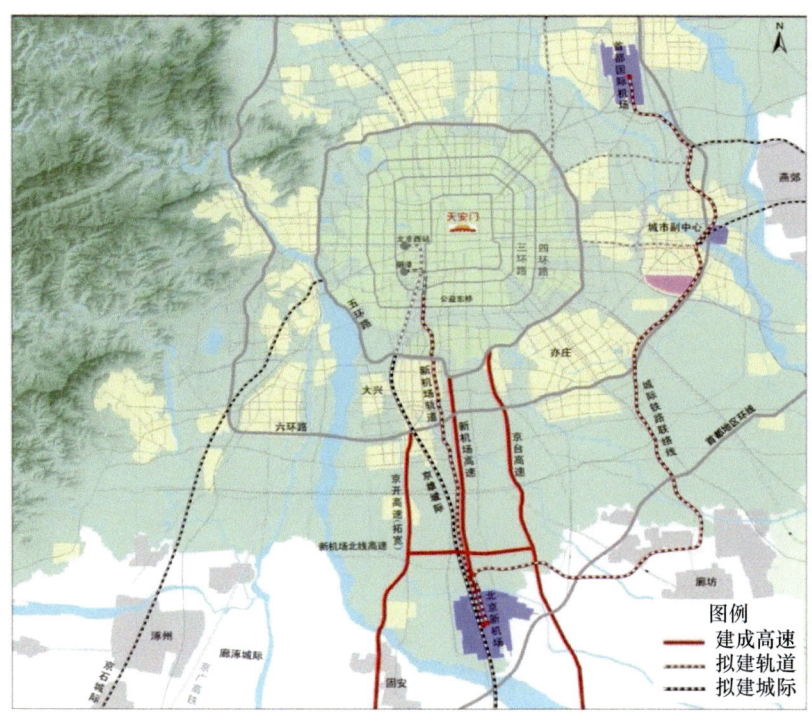

图 1.10　北京大兴机场综合交通体系布局

1.3　主要气象条件的影响

北京超大城市特点突出,三面环山的特殊地形使得局部气象条件更加复杂,加上半湿润半干旱的季风型大陆性气候特点,使得精准预报成为科学难题。对重大活动影响较大的气象条件包括降雨、降雪、气温、风、低能见度、云量云高等。

(1) 降雨

降雨天气对重大活动的影响是全方位的,包括前期的筹备工作、现场组织工作等。若降雨时伴有雷电、冰雹等灾害性天气时,对重大活动的影响更大,各项工作很有可能被迫中止,以确保安全。降雨的影响主要表现在两个方面:一方面是降雨本身的影响,导致活动时被雨淋湿,或者户外表演时带来安全隐患,如开幕式表演涉及高空表演,对降雨、风力等气象要素细微的变化都异常敏感;因此,很多户外举办的重大活动对降雨天气是"零容忍",哪怕零星小雨都可能造成活动无法正常进行。另一方面是降雨带来的衍生影响,可以使得能见度变差,道路湿滑,影响交通等各项安全运行工作。参加活动的贵宾、官员、媒体记者及观众前往活动地点的交通出行安全和效率往往受到天气的影响较大。

降雨对室外的体育赛事类活动的影响也很明显,不少室外比赛,如网球、马拉松、自行车、竞走、标枪、铁饼、马术、足球、射箭等都有影响。不同等级的降雨对赛事的举办影响程度也不同。除了影响比赛本身外,观众的观赛体验也将大幅度下降。北京的汛期是一年当中的多雨季节,重大活动受到降雨影响的风险最高。汛期期间举办的重大活动,各项筹备工作重点围绕降雨的风险评估、预报技术等工作开展。

（2）降雪

降雪是我国北方地区冬、春季常见的天气现象。冬季下雪时,降雪天气会极大增加驾驶员发生交通事故的概率,路面积雪影响城市道路交通,甚至造成全市交通瘫痪。降雪天气还会影响飞机的性能,危及飞行的安全;强降雪甚至导致机场积雪,影响机场的正常作业,严重时会导致机场关闭,影响航班的运行,导致参加活动的人员无法按时到达活动现场。北京超大城市的特点突出,哪怕一场小雪天气都可能对城市安全运行各项工作造成重大影响。

随着北京 2022 年冬奥会成功举办,滑雪、滑冰人群日趋庞大,衍生出新的保障领域和气象服务需求,人们对冬季降雪天气的关注度不断提高。滑雪比赛时若出现降雪天气,由于新雪过于蓬松,不利于运动员掌握平衡,会使得原本划分清楚的雪道变得模糊。降雪天气也会影响运动员的视野,极容易发生危险。一般情况下,下雪刚结束,组委会需要将落在赛道上的积雪清理掉,重新平整赛道积雪。

（3）气温

气温主要影响人体的舒适度。气温尤其是体感温度过高或过低都会造成体验度、舒适度大幅降低。因此,需要根据重大活动保障的具体需求定义气温的影响。比如,业务上的观测以百叶箱的温度为准,当 35 ℃以上时为高温天气,实际上当观测到气温 28 ℃以上时,人体已经感觉不舒服。特别是当太阳辐射强烈时,甚至有灼伤感;气温过低也会感到不适。因此,户外活动时需要结合体感温度提供针对性的气象服务。

气温对体育赛事的影响更加明显。气温会影响运动员体能的发挥,通常对运动员的自主神经系统、内分泌功能以及血压等有明显的影响,特别是马拉松等需要考验耐力的比赛。气温适宜,则体能效率高,运动员在不同项目上能充分发挥自己水平。气温过高,尤其是出现 35 ℃以上高温时,运动员的体内能量消耗增大,易造成中枢神经疲劳,肌肉的活动能力显著下降。中长跑、自行车、马术和速度赛马、铁人三项、网球等比赛受高温影响很大。垒球、棒球和沙滩排球等比赛温度高于 38 ℃将严重影响运动员的体力。气温过低,运动员会诱发运动性哮喘;肌肉活动不开,筋腱紧张和僵硬,容易扭伤;身体僵硬导致动作不协调,不利于成绩的提高。一般地,适宜体育赛事的温度大致是 13~25 ℃,最适宜温度是 15~22 ℃。

气温也是冬季滑雪运动关注的重点,除了对运动员本身有影响外,对雪场雪道的筹备与维护都有重要影响。雪场用造雪机进行人工造雪时对周围环境温度的要求非常严格,气温过低会导致水被冻住,若气温超过 0 ℃,则无法造雪。一般地,气温不低于 －5 ℃,造雪用水进入造雪机的温度在 0 ℃左右最为适宜。雪道筹备完成后,如果日最低气温明显高于冰点,白天赛道表面不但会融化,而且夜间无法再次冻结,从而使得赛道雪面变软。因此,雪场运维部门关注逐小时精细化的温度和湿度等气象条件的变化,预判造雪的最佳时段,降低造雪能耗等。

（4）风

风力、风向是重大活动保障关注的重要因素,几乎所有的重大活动都会关注风的影响。比如,对于重大活动开(闭)幕式,一方面,参演人员行进、表演动作可能受到风阻影响产生变形,演员服装、手持道具、旗帜都存在脱落风险;另一方面,大风天气影响吊装设备、摄像器材、悬空线缆的稳定性、LED大屏等高空装置、使其产生摇摆现象。对于烟花燃放,6级以上的大风将产生极大的火灾安全隐患,风力过小将使得燃放后的烟雾在现场久久不散;要是燃放的位置处在观众席的上风口,也会导致风把烟雾吹到观众席,影响观赏体验。同样的气温条件下,有风的时候,皮肤感觉到的温度要比无风的时候更低,因而觉得更冷。研究表明,在相同的气温条件下,人们会因湿度、风速、太阳辐射(或日射)、着装颜色甚至心情等的不同而产生不同的冷暖感受。

风对体育赛事的影响包括安全性和比赛成绩等。一是表现在散热,风力使运动员身体散热更快,在适当的风速范围,运动员处于良好的竞技状态,有利于取得好成绩;二是表现在阻力或推力,对于标枪、铁饼等项目,小的逆风可以提高器械的升力,有利于提高成绩,风速大会影响器械的飞行稳定性;侧风会影响射箭、射击的准确性;顺风可提高链球、铅球的成绩;大风将影响垒球的球速和球的飞行方向;三是风成为比赛的必要条件,帆船比赛要求 1~2 h 内风向变化不超过 50°,风速要求是 2.5~20 m/s;田径比赛的短跑类项目风速超过 2 m/s,对百米比赛可以产生 0.16 s 的差值,因此,不能计算成绩;全能运动的单项成绩,如果风速超过 4 m/s,其全能运动记录不予承认。高山滑雪项目,尤其是滑降比赛,运动员的瞬时速度最高可达 140 km/h,并且比赛过程会有多次起跳飞跃的动作,有时起跳后水平飞行距离可达 60 m。因此,风向风速对运动员在空中飞行和落地后姿态的保持会产生很大影响,尤其是侧风很容易造成动作失控而导致严重后果。一般阵风风速超过 17 m/s 或 2 分钟平均风速大于 10 m/s 均会对比赛产生关键影响,比赛将有推迟或取消的风险。如 2018 年韩国平昌冬奥会的男子高山滑雪速降比赛因大风改期进行。

重大活动保障需要关注气象观测站周边的环境对实测风的影响,在风的预报分析时需要有策略地进行订正预报。北京城区的谷地、盆地的风速相对较小。但是,若活动举办地为空旷的广场,活动地点的风实际上往往比气象站观测到的风要大,如天安门广场的阵风就比天安门气象观测站观测到的阵风大 2~3 级。在没有明显天气系统控制时,北京的山区和平原存在局地的山谷风环流,白天受热的空气沿山坡爬升,风由平原吹向山区多呈偏南风;夜晚降温后冷空气由山区吹向平原,呈偏北风(图 1.11),具有典型的"地方性风"的特点。

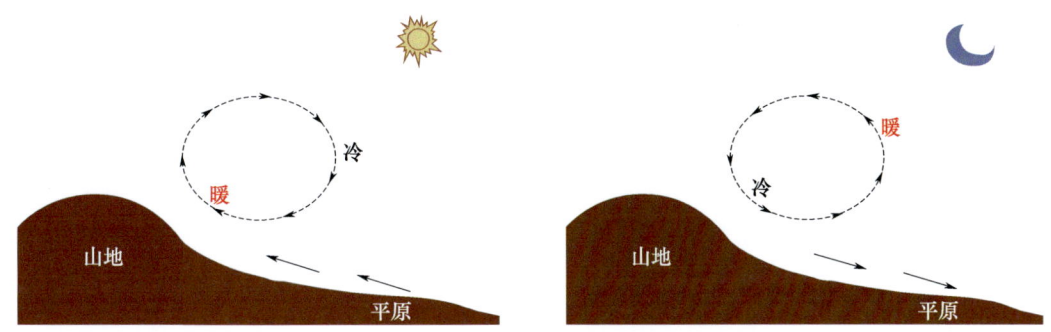

图 1.11 山谷风环流模型图

(5)低能见度

低能见度也会对重大活动造成影响。一是由于相对湿度较大造成的低能见度。二是由于重污染过程造成的低能见度。低能见度对前往活动地点的交通出行,以及现场观看表演、比赛的体验度都会产生影响。

低能见度对体育赛事影响,可以造成裁判员误判或运动员错误判断而造成行为出错。飞碟、射击等项目受低能见度影响,可能会遮蔽目标物,给运动员造成困难。帆船比赛会因海雾取消,现代五项也会因浓雾取消比赛。大雾还能影响曲棍球、棒球、冰上雪上运动等项目。有雾时,运动员会因吸入过多的水汽而影响氧气的摄入,降低气体交换的功能,造成体能下降,进而影响比赛成绩。高山滑雪比赛项目通常要求能见度大于200 m。山区往往会因"风吹雪"或地形云等天气现象而导致能见度变差(图1.12)。

图1.12 海陀山赛道附近低能见度场景

(6)云量、云高

云量、云高是飞行中经常碰到的问题,常会给飞行活动带来影响。云和飞行活动密切相关,常常使得飞行造成困难甚至危及安全,如云中气流不稳,使飞机发生颠簸。一方面是空中梯队的表演需要关注云量和云高,如2019年新中国成立70周年等重大活动空中梯队飞行表演。另一方面,直升机的紧急救援关注云的变化情况,特别是复杂地形下云的变化,如北京冬奥会期间复杂地形下高山滑雪赛区的紧急救援保障。云底很低的云影响飞机起飞和降落,云中的过冷水滴使飞机积冰,云中湍流造成飞机颠簸,云中明暗不均容易使飞行员产生错觉等。浓积云和积雨云中有强烈的积冰,长时间在雨层云中飞行也可发生严重积冰,冬季长时间在高积云和层积云中飞行也可产生较强积冰;云中能见度通常只有几十米,严重影响飞行员操作;云中水滴与机体摩擦产生静电,电位差大时产生火花放电,干扰电台、罗盘指示;云中明暗不均,有时甚至使飞行员产生错觉。低碎云出现时,云高常常小于300 m,有的仅几十米,而且云量多,发展极为迅速,云下能见度也很差,对飞机降落造成严重威胁。

第 2 章　重大活动保障概况

2008年奥运以来,北京市气象局承担的重大活动气象保障任务越来越多,对气象服务的精细化程度和针对性的要求也越来越高。经过多年的发展和积累经验,北京逐步形成重大活动气象保障体系,从技术支撑、产品体系等方面不断创新,建立了针对不同维度开展重大活动气象保障工作机制,并把重大活动保障形成的先进技术和经验迁移至日常城市安全运行保障,推进气象事业高质量发展。

2.1　基本概况

(1)基本情况

重大活动往往是指举办规模较大,国际、国内具有较大社会影响力,参与人员较多,或者有重要领导出席的仪式庆典、经济、文化、体育等活动。北京政治中心、文化中心、国际交往中心、科技创新中心"四个中心"的战略定位,决定了重大活动数量多、安全维稳压力大。统计分析表明,2009—2022年,北京市气象台年均承担重大活动保障任务36项,最多可达43项(图2.1)。年均发布重大活动气象服务专报700余期,重大活动气象保障任务总体呈现增多趋势。2019年承担的重大活动保障任务最多,包括圆满完成中国北京世界园艺博览会、第二届"一带一路"国际合作高峰论坛、亚洲文明对话大会、新中国成立70周年庆祝活动等重大活动保障任务,重大活动气象服务产品发布期数达1673期。因此,北京的重大活动保障已经成为常态化的工作,甚至某些年份重大活动保障任务的工作量已经超过日常城市安全运行决策气象服务。

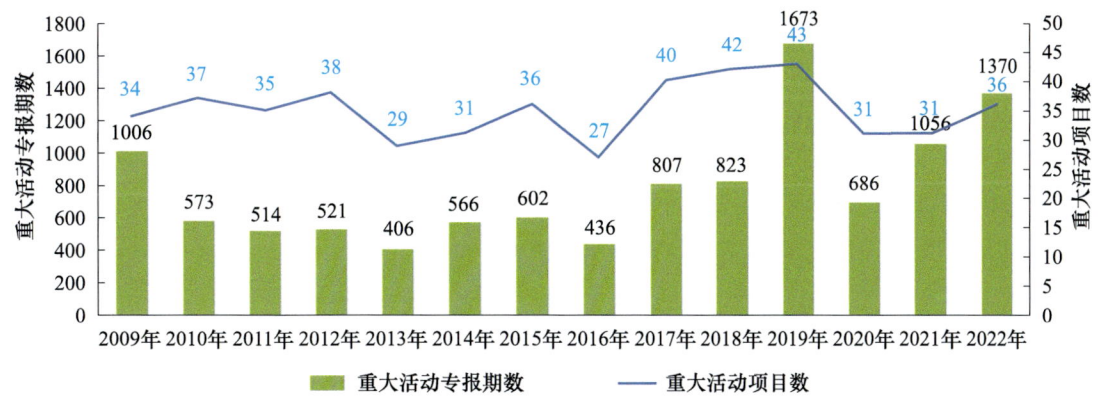

图2.1　2009—2022年北京重大活动气象保障开展情况

(2)特征分析

重大活动周期性:重大活动气象保障临时性强,周期性活动部分平均占活动项目总数的

43.9%,其他重大活动决策气象保障服务占总数的56.1%。大致可以将重大活动气象保障分为三类(表2.1):一是重要会议、大型展会;该类活动组织形式、时间、地点较为固定,筹备时间为1至2个月;如中国国际服务贸易会等。二是重要活动、大型体育赛事,国内外关注度较高;如春运、北京马拉松等。三是重大庆典活动;国内外关注度极高,筹备时间在1年左右;如一带一路国际合作高峰论坛、亚洲文明对话大会、中非合作论坛、国庆70周年庆祝活动等。

表2.1 北京主要重大活动气象保障开展情况

项目	主要内容
重要会议、大型展会 (约10项/年)	中关村论坛、京交会、文博会、科博会
	中国国际服务贸易交易会等在京举办的重要会议
重要活动、大型体育赛事 (约20项/年)	春运、中考、高考等
	国际文化节活动、北京马拉松、北京电影节等
重大国事活动与重大庆典活动 (不定期)	北京奥运会、"一带一路"国际合作高峰论坛、中非合作论坛、亚洲文明对话大会、北京世园会、国庆70周年庆祝活动、北京冬奥会等

重大活动月分布规律:从近十年各月平均重大活动保障项目数分布来看(图2.2),每年6月重大活动保障任务最多(平均6.3项),9月次之(平均4.8项),5月和10月第三多(平均4.5项)。经分析,主要是由于每年6月有京交会、科博会、高考和中考,而9月有中国网球公开赛、北京马拉松、中国国际服务贸易会等相对固定的周期性保障任务。

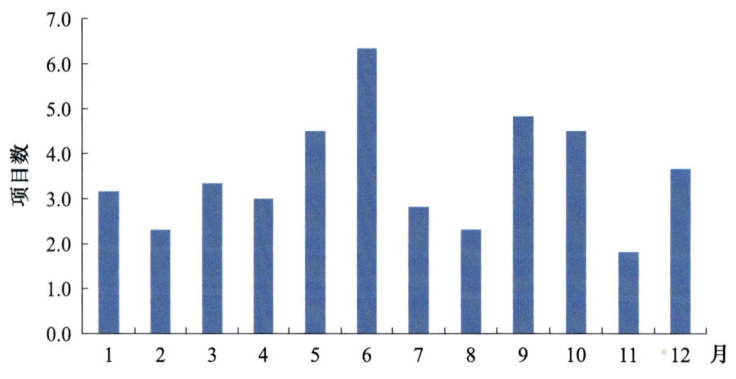

图2.2 近十年每月平均重大活动气象保障项目数

重大活动预报服务空间范围:重大活动气象保障往往针对具体的举办地点,区域性的气象服务较少。经过分析2009年至2019年的数据,80%左右的产品服务地点为"单点",气象服务专报的内容围绕着该固定点的天气实况、预报及服务提示而进行;覆盖面拓展到某个区域、线路或者全市范围的仅占20%。固定点气象服务对精细化预报的质量提出了更高的要求,不仅对单点的预报准确率要求苛刻,而且为了满足气象保障服务的需求,还要提供更加丰富的多要素、多时间尺度的预报内容。

(3)保障要求

要求"早":重大活动往往对气象信息的提前量提出要求,以便决定应急预案的制定等。"早"包括三个方面,即,早评估:提前针对重大活动关键区域收集同期气象资料,开展极端天气风险分析及主要不利气象条件影响的研判。早建议:提前给出极端天气风险描述及主要影响,协助重大活动组委会做好高影响天气风险应对及控制预案。早服务:为重大活动前期的场馆搭建、活动演练、设备设施维护等筹备工作提供针对性服务。

要求"精":重大活动保障提出了"精精益求精,万万无一失"的高标准、严要求。"精"包括两个方面,即,精准预报:精准提供重点场馆和关键区域精细化定时、定量化气象服务,包括制作重点区域关键要素逐小时预报,如降水、天空状况、能见度和气温的变化,以及风力大小和风向转变时间等。精准建议:通过科学分析重大活动期间气候背景和高影响天气风险,为重大活动组委会做好高影响天气风险应对及防控预案提出准确建议。

要求"细":重大活动保障部署要求"细致再细致,周密再周密"。"细"包括三个方面,即,实况细:针对某些特殊重大活动,往往需要气象部门提供保障区域 10 m 分辨率地面风等关键天气要素实况分析产品;预报细:提供关键区域水平和垂直风向风速、2 m 气温、降水量、天空状况、云量、云高、能见度等关键要素精细化预报;如,北京冬奥会的"百米级、分钟级"预报服务。服务细:细致分析不同重大活动及其不同阶段的气象服务需求,现场服务团队可按照"一馆一策"原则,随时根据天气变化为各个指挥部和每个单项活动提供气象咨询服务。

(4)服务内容和方式

重大活动气象服务内容:就内容而言,气象服务决策产品涵盖面较广,针对性强,目的明确。从面上看,力求做到多方位预报,包含天气综述、天气实况、具体天气预报、空气质量、生活指数,以及服务关注与建议等。从点上看,追求精细化的多要素预报,包含天空状况、降水量、降水相态、气温、体感温度、风向、风力(风速)、相对湿度、能见度等气象要素。根据活动需要,有可能还需提供 200 m 以下低空风实况和预报、太阳辐射、黑球与湿球温度、雷电等对流活动。目前,北京市气象局的服务产品内容丰富、信息量较大、选择性较多,基本能够满足各项活动的要求。

重大活动气象服务方式:根据不同用户的气象服务需求,重大活动气象服务方式主要有四类:一是常规服务方式,如电话、传真、电子邮件、短信等,近年来微信发布的方式越来越受用户接受和青睐;常规服务方式简单、便于用户获取所需气象信息。二是研发气象服务系统展示气象实况、预报及专报等气象信息,如 APP、冬奥会网站等。三是通过网络端口方式,向重大活动主办方推送实况及预报信息,这种服务方式方便用户利用气象数据二次开发或者展示应用,由于需要的气象信息更新频率高、数据量大,一般需要通过专线等方式传输。四是现场气象服务方式,通过面对面沟通、解释,可以在遇突发天气时能够在第一时间把最新气象信息传递给用户,让用户更深入了解不利气象条件可能产生的影响,提高气象服务针对性和应急效率,同时在互动过程中也可以动态掌握气象服务需求。

2.2 气象服务开展情况

针对重大活动气象服务保障的要求,气象部门重点从时间维度、要素维度、载体维度和空间维度四个维度开展气象保障工作。

(1)时间维度

气象部门根据气象保障需求,初步形成了在不同阶段提供气象服务产品的方式(图 2.3)。从最开始的气候背景分析和气象灾害风险评估,滚动提供气候预测分析到短时临近预报,提供的气象服务产品时间分辨率越来越高。

同时,也根据重大活动举办的时间所处的季节特点开展针对性服务。

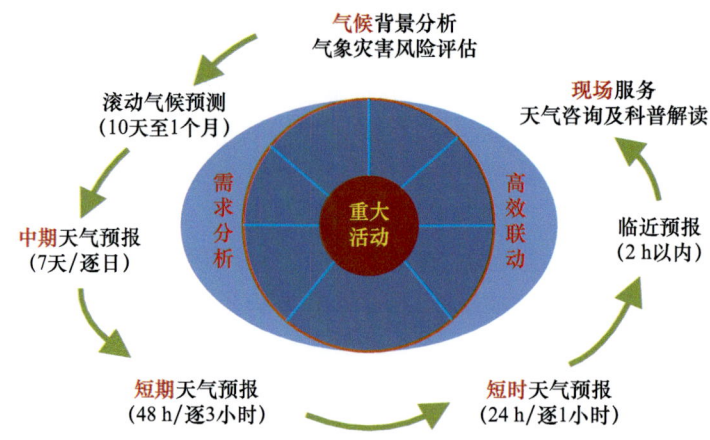

图 2.3 针对不同阶段开展气象服务

春季:重大活动气象服务保障中加强对气温起伏以及降水、大风、沙尘等复杂天气叠加影响的服务提示。同时,针对春季气候干燥、大风频发的情况,加强与应急、森防部门的联动,支撑做好防风、防火工作。

夏季:针对夏季高影响天气提前开展统计分析和天气形势背景分析,建立天气背景形势概念模型。针对夏季预报技术难点开展科研攻关,强化技术储备。针对临时设施开展防雷监测和咨询服务。

秋季:针对北京及周边地区秋、冬季可能出现的静稳天气和首都重大活动大气环境质量保障的敏感性,加强与生态环境部门会商联动,为政府部门提前采取强有力的应急减排措施提供科学支撑。秋季天气系统往往较弱,难以捕捉,对于降雨有/无的预报往往也成为天气预报的难点。

冬季:围绕复杂地形条件下降雨(雪)、风力、风速、气温、沙尘等天气,以及与滑雪等体育赛事相关的雪温、雪质开展气象服务。

(2)要素维度

重大活动普遍关注降水(雨、雪)、风、雷电与冰雹等灾害性天气,不同的重大活动重点关注的气象要素及其影响不同。

降水:降水对任何户外举办的大型活动各方面均影响较大,包括对参与活动的人和现场设施等。特别是弱天气系统背景下产生的弱降雨,存在着降雨"有"和"无"之间截然相反的结论。由于天气系统较弱,往往容易忽略对此类过程的深入研究。

风:不同高度层风对重大活动临时搭建物的安全,体育赛事赛道缆车,烟花燃放安全与展现效果都有较大影响;甚至对旗帜高度、大小、材质等都有要求;不同高度层风的预报技术研发及垂直风的检验评估是难点。

气温:气温(含体感温度)对重大活动、体育赛事等户外出席嘉宾、参赛运动员影响较大,直接影响公众的体验度;同时气温对雪上运动赛场雪质等也存在影响,甚至对滑雪运动员的成绩造成影响。

雷电与冰雹:雷电对大型活动临时构筑物、举办活动的各类设施,以及人身安全都影响较大。临时搭建物的防雷工作在筹备期间就需要提前对接。冰雹是固态降水物,也是北京夏季灾害性天气之一,常常对人身安全造成影响。

(3)载体维度

重大活动包括重要会议、国家庆典、体育赛事、旅游文化节庆、大型展会等,根据活动关键区承载体和服务对象的不同,气象服务侧重点也不同。必要时开展科学试验,比如通过开展百叶箱气温和室外曝晒下塑料椅面温度、柏油马路温度的对比观测试验,提供针对不同人群的分众化气象服务。

关注不同人群:根据参与活动的人群不同,关注点不同。如,重大活动有儿童或老人参与需要关注体感温度、紫外线强度等特殊要素,对于晚上观礼和联欢人员可进行夜间烟花烟雾扩散影响服务提示等。针对高考考生等特定群体开展分时段、分区域的预报服务,根据各考点天气情况,精准提示考生做好防暑降温、防雨等措施。

关注不同设备设施:结合重大活动设备气象保障,开展气象风险服务。如,针对现场大型设备设施的选址提供风险评估服务,以及为大型设备的防风抗雨科学试验提供精细化气象保障。针对临时大型构建物和烟花燃放需求,开展 50~200 m 高层的风向风速"立体式"预报。针对空中梯队的飞行保障,重点关注天空状况对受阅飞机的影响等。

关注不同活动:国庆 70 周年庆祝大会等国家重大庆典涉及群众游行、联欢活动、转场及前期演练等,关注点涉及面广,需要提供全流程、全口径服务。对于奥运会、冬奥会赛场现场服务团队要求高,要直面压力,还需要具备预报能力、沟通能力以及多语种服务能力等;雪务、交通、医疗救援等特殊气象服务保障需要专业化程度很高的保障。开闭幕式、火炬传递等重要时间节点需要提供专项服务。

关注不同场馆:针对世园会保障,在园区建设生态气象站,搭建园艺管理决策气象服务系统,为世园会期间园艺布展和观赏植物管理提供服务。针对冬奥会滑雪场馆保障,国家高山滑雪中心赛道垂直落差约 900 m,坡面长度约 3000 m,对参赛运动员挑战极大,针对赛道的监测、预报、服务成为赛事保障重点。气象保障关注特殊地形下气象要素对冬奥会场馆、赛道的影响,围绕赛道开展自动站建设,建成包括自动站、雷达、微波辐射计等设备在内的"三维、秒级、多要素"监测网络。

(4)空间维度

根据重大活动举办的场地可以分为室内、室外、沿线、复杂地形(山上、山下)等,有针对性地结合举办地周边地形开展筹备工作。

室内:室内的重大活动主要以重要会议为主,对气象条件的关注度较高。除了关注目标区的气象条件外,还需要关注参加活动的人员前往活动举办地的交通气象服务等。

室外:室外举办的重大活动对气象条件的关注度极高,有的重大活动对降雨等天气是"零容忍",哪怕零星小雨都可能造成活动无法按期进行。重大活动筹备的最后关键时刻,气象条件甚至成为能否顺利举办的决定性条件。气象保障需要关注降雨、大风等高影响天气,基于承载能力提前建立气象阈值指标。

沿线:北京马拉松、奥运火炬传递等沿线的重大活动对气象条件关注度较高,需要针对目标载体、目标人群开展需求研究,提前了解不同目标人群的承载力,结合不利气象条件的影响提供针对性的气象服务。

复杂地形:复杂地形涉及山地气象保障,大城市复杂下垫面等,气象条件受地形影响较大,需要提前开展综合观测试验和复杂地形的气象预报经验积累。如,针对在北京延庆海陀山举办的冬奥会滑雪项目,气象预报服务团队提前 6 年开展冬训工作。

2.3 重大活动保障体系

北京市气象局通过不断探索重大活动气象服务、积累保障经验,从重大活动保障工作机制、气象服务产品、现代化成果支撑等方面建立了重大活动气象保障体系。

(1)重大活动保障工作机制

①强化组织管理

2011年,北京市气象局专门成立大型活动气象服务办公室,主要负责全市大型活动气象服务保障工作的组织、管理、协调,以及大型活动气象服务标准规范建设的指导等。同时,制定《大型活动气象服务管理办法》,将大型活动保障职责分工分为核心协调机构、支撑保障机构、核心服务机构。经过多年的发展,北京市气象局逐步形成了组织保障有力、业务运行顺畅的重大活动保障组织体系。

②重大活动工作流程

根据重大活动工作流程,大致可以将气象服务分为4个阶段:筹备期、演练期、关键服务期、总结期。具体工作细分为需求分析、方案编制、能力建设、测试演练、服务实施及最后的工作总结等。通过制定标准化的大型活动气象服务保障规范,进一步明确每个阶段的主要工作任务及其相互衔接流程,使重大活动气象服务有章可循。

③气象服务需求调研

针对重大活动气象保障,建立气象服务需求调研机制。一方面,与重大活动各指挥部开展调研、座谈会,可以通过函询的方式获取各指挥部个性化的气象服务需求。根据重大活动保障需求向专项指挥部派驻业务骨干,全流程、全方位跟进气象服务需求。同时,加强与城市运行管理部门的沟通和联动,深入了解重大活动期间城市运行气象保障需求。通过沟通协调,整理形成重大活动气象服务需求清单,为重大活动方案的编制和开展相关的筹备工作提供依据。

④重大活动保障方案

根据重大活动需求调研,紧贴需求,编制周密的气象服务保障方案,明确各专项工作组的任务、时间节点等,保障重大活动各项筹备工作有条不紊。一般地,编制"1+N"工作方案,"1"是指总体方案,"N"是N个子方案,即在总体方案基础上编制实施方案、专项方案以及应急预案等。领导小组组织召开会议对工作方案进行审议,适时邀请专家对专项方案进行论证。同时,根据气象服务需求,动态更新完善气象服务方案,为强有力保障重大活动提供支撑。

⑤天气会商联动机制

北京充分发挥区位优势,以及在京行业专家资源优势,建立了重大活动联合会商机制。一是充分发挥华北区域气象中心的会商联防作用,与区域各省(区、市)及时沟通、会商,共同研判重大活动保障期间天气形势的发生发展。二是与在京10余家部队气象台建立了联合会商机制,针对重大活动保障需求开展针对性研讨,借助部队气象台在云量、云高等方面的观测优势,提高综合保障能力。

⑥针对目标区的训练机制

组建重大活动气象预报服务团队,根据重大活动保障关注的气象要素,结合重大活动目标区周边地形等情况,提前开展天气预报训练,建立单点订正策略,积累模式订正的经验。一方面是提高对重大活动目标区的预报经验积累;另一方面,为组委会提供实时预报检验评估报告,帮助组委会客观评估气象预报能力,关键时刻做出精确决策。

(2)气象服务产品体系

重大活动气象服务产品主要包括:天气实况类、预报预警类、预测及风险评估类、专项服务类,以及某些重大活动保障所需要的特种气象观测资料。

①天气实况类

常规气象实况:按照重大活动主办方的要求和具体服务保障需求提供气温、风速、风向、降水、相对湿度、能见度等天气实况要素。发布频次一般为逐小时/逐10分钟。由于体育赛事类重大活动对气象条件较敏感,气象条件可能还会影响到运动员比赛成绩,对实况数据的要求可以达到分钟级。

特殊气象要素:重大活动保障关注的气象要素往往不局限于常规气象要素,还包括气象部门日常业务范围之外的特殊气象要素。比如,新中国成立70周年庆祝活动期间,由于群众游行过程中涉及大型浮雕,以及联欢活动期间的烟花燃放等环节,需要关注地面至地上200 m之间不同高度的精细化风向、风力;北京冬奥会滑雪气象保障需要提供雪温、雪质等特殊气象服务。针对具体需求,可能涉及气象观测设备的建设等。

②预报预警类

气象服务专报:气象部门针对重大活动保障专门制作的气象服务产品,主要包括天气综述、气象要素具体预报和对策建议三部分。专报中的天气综述凝练了活动期间的总体天气情况,气象要素预报一般以表格或图表的形式呈现天空状况、最高/最低气温、风向/风速、相对湿度等,对策建议则是根据气象条件的影响情况开展针对性的提示。

时间上,气象部门一般提供0至24小时逐小时、24至72小时逐3小时、4至10天逐12小时天气预报产品。视重大活动保障需求加密发布气象服务专报,提高时间分辨率。

空间上,可以包括重大活动具体举办场地,重大活动主、协办城市天气情况;以及重大活动涉及的重要交通沿线、交通枢纽,甚至周边城市景点天气情况。

气象预警信号:依据气象灾害可能造成的危害程度、紧急程度和发展态势分为蓝色、黄色、橙色、红色等级的气象预警信号。当预计不利气象条件可能达到或突破预警标准时,根据气象部门气象灾害和高影响天气预警的级别发布相应的预警信号。

场馆警报:未必达到发布气象预警信号的标准,但是对重大活动有影响的天气情况通报,预计气象条件达到或超过阈值时发布相关级别的提示信息。需要充分开展调研分析和深入研究,根据不利气象条件对活动的影响,分要素、分等级建立气象条件影响阈值指标。

③预测及风险评估

气候预测:针对重大活动举办地,开展未来一段时间的气候预测,主要气象要素包括:平均气温、降水/雪量、冷空气活动情况等预测。同时,提示与常年同期相比的情况,降水偏多/偏少,气温偏高/偏低,以及预测可能出现的极端气象条件等。

风险评估:重大活动主办方往往需要提前了解举办地可能出现的气象风险,特别是重大活动举办的关键时期和敏感时段,历史上同期出现的气象灾害和高影响天气的风险种类、影响程度、出现的概率等,以便主办方提前做好应对预案。根据气象风险矩阵方法,结合大型活动特点确定重大活动气象风险评估技术流程,主要包括5个阶段(图2.4)。

(a)气象风险因素识别:开展活动举办过程中与天气有关的气象风险因素的识别,包括理想气象条件和高影响天气因子分析,确定高影响天气因子影响阈值。该阶段主要由气象部门与活动举办方相关专家共同参与确定。

(b)气象风险因素可能性分析:对识别出的高影响天气因子可能性进行分析,包括活动期

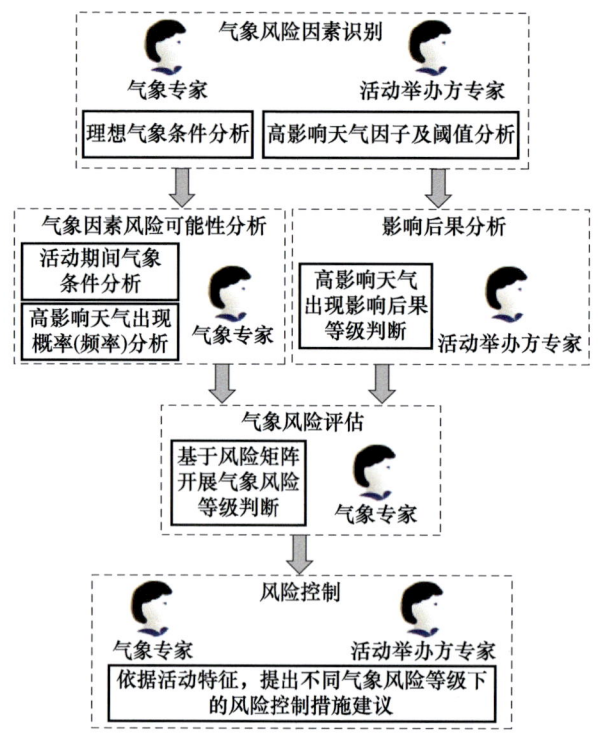

图 2.4 重大活动气象风险评估流程图

间气象条件分析及高影响天气出现的概率(或频率)估算。该阶段主要由气象部门实施。

(c)影响后果判断:对活动举办过程中出现高影响天气时造成后果的严重程度进行判定。该阶段主要由活动举办方相关专家确定。

(d)风险等级判定:根据②和③两步分析结果,利用风险矩阵,确定气象风险等级。该阶段主要由气象部门实施。

(e)风险控制:根据评估结果,结合活动特点,与活动举办方专家商讨提出相应的风险控制措施与建议。

④专项服务类

气象指数类:气象指数类预报一般包括体感温度、紫外线指数、风寒指数、观赏指数以及重大活动主办方关注的其他气象指数预报。主要是针对重大活动参加人员、参赛者等提供的提示性信息。

交通气象服务:根据重大活动的开展,提供主要的交通沿线、高速公路以及重要交通枢纽交通气象服务。包括参加人员转场,以及活动范围内的交通服务。除了常规的天气预报信息外,还包括交通线路上的能见度、道面温度等特殊要素实况和预报服务。

直升机紧急救援:针对特殊的重大活动,特别是山区复杂地形的保障(如冬奥会滑雪项目),需要开展直升机紧急救援专项服务。由于直升机飞行高度低,绕行和续航能力弱,无论是起飞、降落还是空中飞行均对气象条件十分敏感。特别是山地气象条件复杂,增大了紧急救援风险。一方面,气象部门需要针对直升机紧急救援气象保障特殊需求,研发颠簸风险、结冰风险、风切变风险预警等专项产品。另一方面,加强与驾驶员和机师的沟通,了解直升机的型号和抗风险能力外,保障突发天气情况下气象信息可以快速、准确地到达最前线。

(3)现代化成果支撑体系

①气象立体化观测水平稳步提升

2008年奥运以来,北京加快气象立体监测站网建设,着力完善全市站网布局(图2.5)。目前,北京已实现自动气象站乡镇覆盖率达到100%,城区平均间距3~5 km,郊区为6~8 km,并实现了周边省市自动站点资料的实时共享。气象观测要素较为齐全,并且全面实现地面观测业务自动化。近五年,综合观测系统稳定运行,自动站和雷达业务数据可用率均在98%以上。另外,率先实现X波段双偏振雷达组网观测。风云卫星、高分卫星、多普勒雷达、风廓线雷达、云雷达等现代化观测设备为重大活动严密监视天气提供强有力的保障。

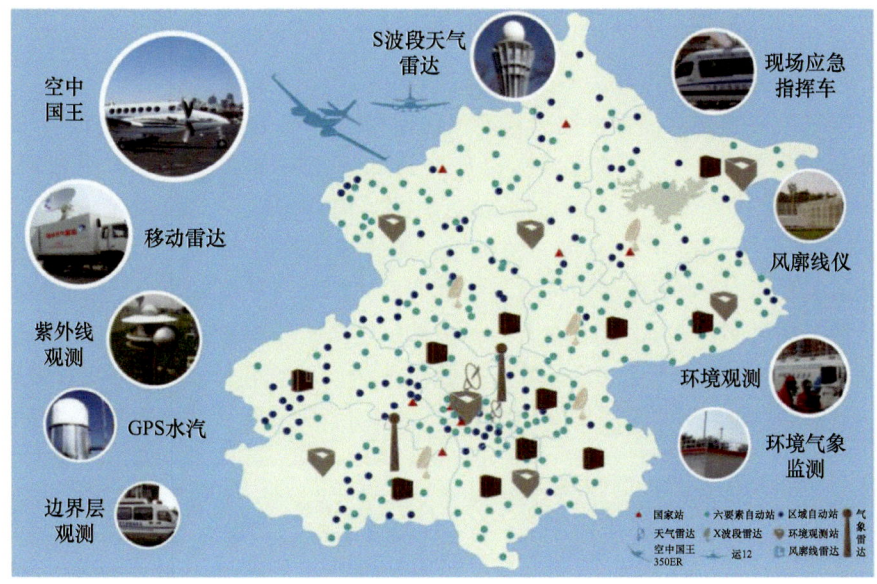

图2.5 北京地区气象观测设备布局

②积极探索特种观测设备在重大活动的应用

特种观测设备作为常规气象观测的辅助工具,往往在重大活动保障的关键时刻分析气象条件的细微变化起到意想不到的作用。近年来,北京市气象局积极探索特种气象观测在重大活动保障中的应用(图2.6)。一方面,为了提供天气预报精准度,布设特种气象观测设备,作为日常观测业务的重要辅助手段;另一方面,针对重大活动保障组委会的服务需求,增加垂直梯度风观测等特种气象观测,气象观测数据作为重要的服务内容。遵循"边探索、边应用"的原则,不断加强特种观测资料在重大活动保障中的应用,提高气象服务的精准度和针对性。

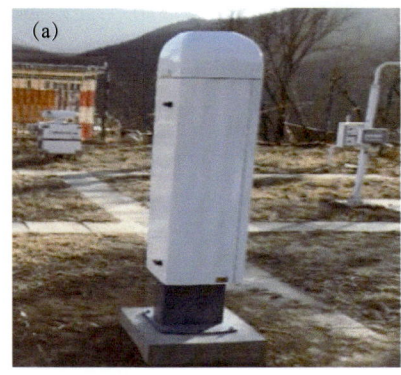

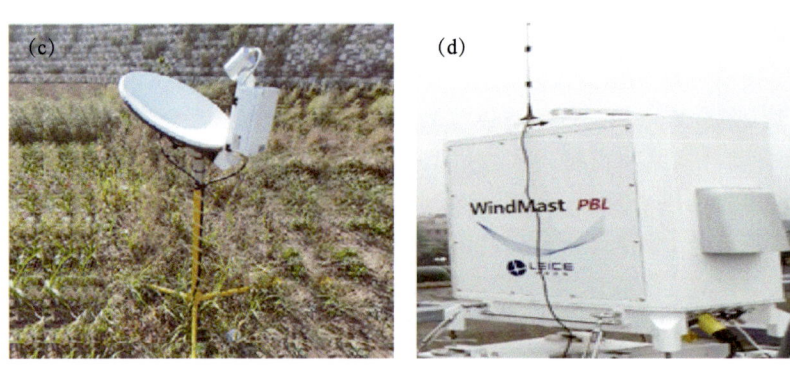

图2.6 重大活动保障特种气象观测设备((a)云高仪;(b)微波辐射计;(c)微雨雷达;(d)测风激光雷达)

③睿图数值模式体系支撑能力不断增强

北京城市气象研究院以提升精细化客观预报预警准确率为目标,构建了耦合城市陆面和气溶胶等理化过程的新一代快速更新多尺度分析和预报模式体系——睿图数值模式体系(图2.7)。睿图数值模式体系共包括短期、临近、化学、集合、城市、大涡、陆面同化、海洋、云催化和集成10个子系统,集天气—环境—城市为一体的多物理过程模式体系。近年来,睿图数值模式性能不断提升,研发的睿图中尺度系列数值模式预报产品、多源融合实况分析业务产品等为精细化预报提供了科学方法,在重大活动保障中经历实战检验。同时,建立远超日常业务的模式研发机制,结合重大活动气象保障需求针对性研发精细化产品。如,针对国庆70周年气象保障,实行超常规业务的模式研发,为预报员提供了50余项针对性的服务产品。

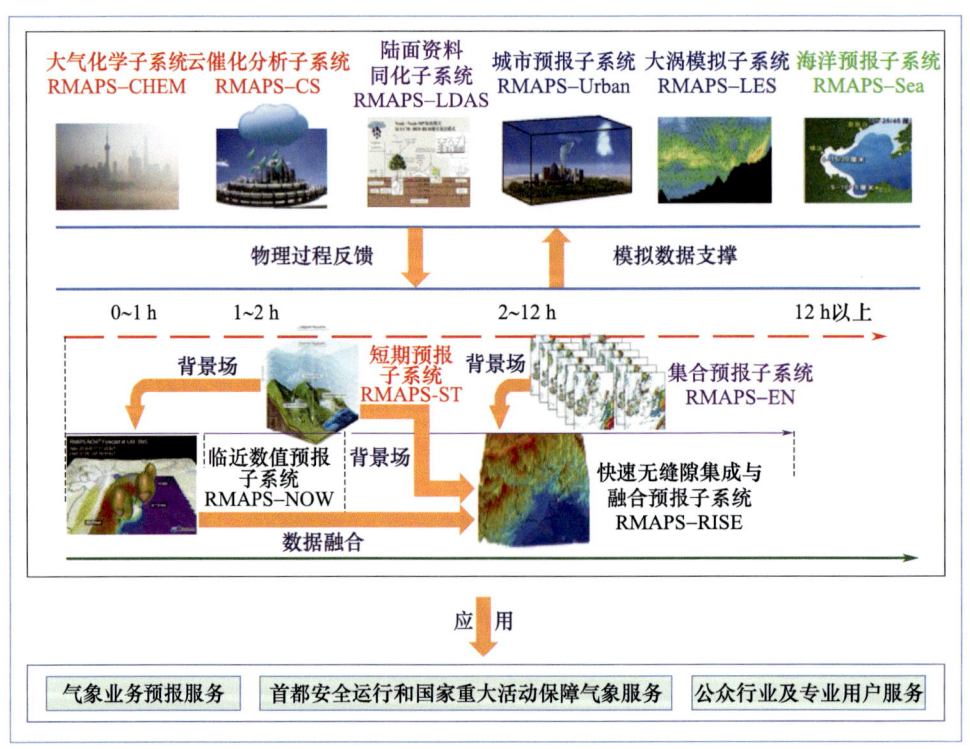

图2.7 睿图系列区域中尺度数值模式体系

④智能网格业务支撑重大活动面上和单点预报

2016年12月北京地区智能化无缝隙格点分析预报系统(iGrAPS)投入业务应用,通过不断优化智能预报业务流程,建立了 0~10 d 智能网格预报产品体系(图 2.8)。2017 年北京的智能网格业务首批获准单轨运行,智能网格预报水平不断提高。以温度、强对流落区、风预报的客观技术研发为重点,先后研发了短中期降水预报－频率匹配法、温度 MOS 训练期方法和历史相似个例订正法等客观预报技术。在睿图数值模式体系产品支持下,网格产品已实现每天"7＋N"次主客观融合预报和 0~12 h 降水与温度预报的逐 10 min 客观滚动订正。基于网格预报的天气预报预警准确率稳步提升。以智能网格预报产品为底座支撑,数字化智慧气象服务各项产品逐步上线,实现了重点交通沿线精细化实况监测和预报预警,为重大活动精细化气象服务产品的制作发布提供支撑。

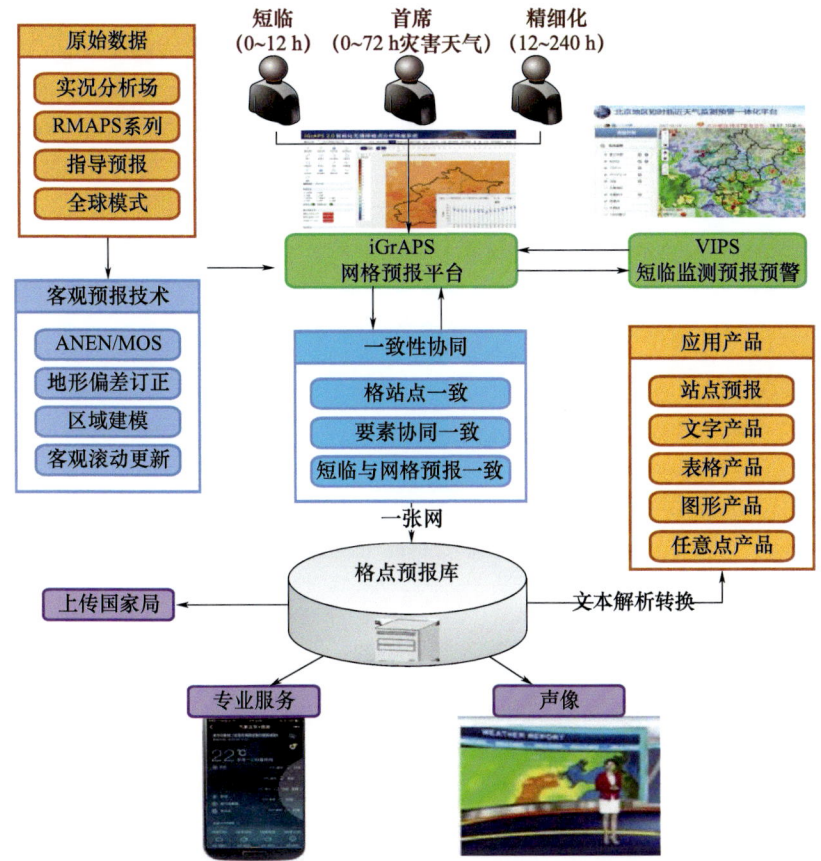

图 2.8 北京市气象台智能网格预报产品制作和发布流程

基于大数据、人工智能技术研发针对不同气象要素的客观预报技术方法,支撑智能网格预报和预报业务。根据准确率评估分析,北京地区 24 小时预报准确率稳步提升,重大活动支撑能力不断增强(图 2.9)。

⑤信息网络支撑有力

依托北京冬奥会的举办,初步建成高速、安全的信息系统,气象观测数据三地同步共享,通信网络互联互通互备,北京用户访问业务系统速度与周边用户异地访问速度无差别,整体网络性能较以前提升 5~15 倍。形成了国家气象信息中心,北京、河北赛区中心,以及延庆、崇礼、张家口 3 个赛事现场的信息网络互联互通、数据共享、相互备份的数据服务格局(图 2.10)。"专网＋云端"气象视频会商新模式逐步显示成效,满足互联网移动终端入会需求,保证了中央

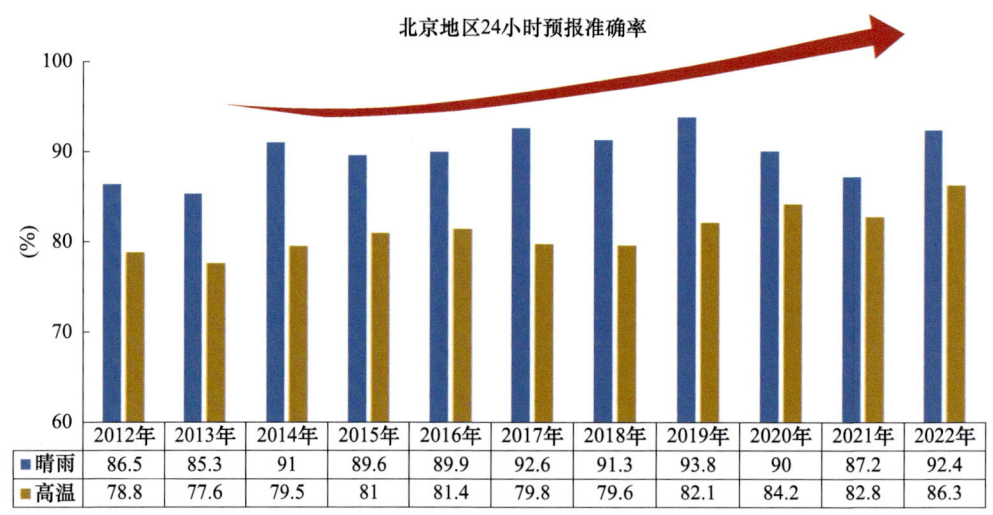

图 2.9　北京气象预报准确率统计分析

气象台、北京、河北及赛区现场多点灵活视频会商的顺利进行。异地实时备份的高性能计算资源建立,极大保障数值模式产品的到报率。气象观测数据三地同步共享,高频次的气象数据及时传输,预报服务系统平台高效支撑三大赛区现场服务保障,进一步为重大活动气象保障提供支撑。

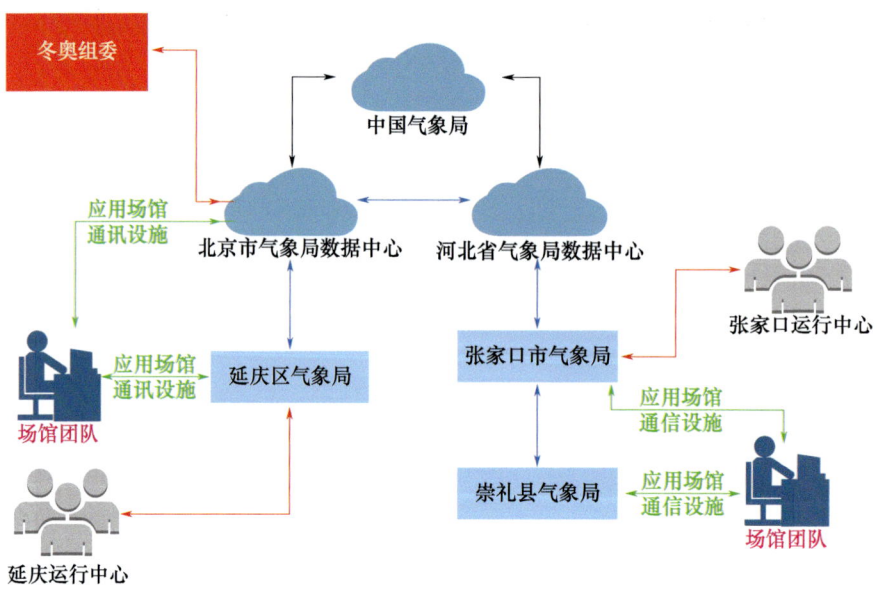

图 2.10　冬奥气象服务网络架构

2.4　经验与启示

为了不断提高重大活动气象保障能力,北京气象工作者不断开展探索性工作。一方面,紧紧围绕提高天气预报准确率这一永恒主题,不断探索北京地区天气气候变化规律和灾害性天气发生机理,研究客观预报技术方法。另一方面,经过历次重大活动气象保障的实施,固化成功的保障经验,复盘总结失败的保障过程,形成了一系列的经验与启示。

(1)充分发挥体制机制的优势

充分发挥体制机制优势,最大限度整合社会资源、集中力量办大事,全力保障重大活动。重大活动气象保障反映了整个气象部门的综合保障能力,往往需要动员全部力量投入筹备和保障工作,聚部门之力、集行业之智,统筹规划,整体推进各项筹备工作。一是强化组织领导,通过成立重大活动气象服务领导小组强化组织协调工作,从科技、人才、资金等方面寻求中国气象局和地方政府各级部门的大力支持;二是积极协调各国家级科研业务单位的全面指导和技术支持,周边省(区、市)气象部门的密切配合、高效联动;三是主动融入,全面对接重大活动气象服务保障指挥体系,为重大活动的各项筹备和组织工作提供全方位保障。

(2)全面开展气象服务需求调研分析

重大活动气象保障往往要求高、支撑服务部门多、协调联动单位多,需要充分了解不同部门的气象服务需求,才能使得重大活动气象筹备工作做到"有的放矢"。气象服务需求分析也是气象部门制定总体工作方案和专项工作方案,细化和明确气象保障服务需求和任务,提供全面、精细、精致气象预报服务的前提。对于部分重大活动,除了关注常规气象要素之外,还关注特种气象要素,更是需要气象部门提前开展针对性工作。另外,由于大部分从事保障的成员单位并不十分了解气象,对于什么样的气象条件,以及不利气象条件等级达到什么程度造成影响等,并不十分清楚。这些都需要气象部门提前对接,主动了解各部门的需求。

(3)以科技创新和现代化提供核心支撑

科技创新是重大活动保障的核心支撑,对于大部分重大活动具有"单点"服务保障的特征,需要结合重大活动关键区域周边地形特点开展微尺度的预报技术研究,依靠科技支撑提供气象预报的精准度和服务的精细化。如,针对冬奥会气象保障开展的冬季多维度气象综合观测,以及依托科技创新形成复杂山地"百米级、分钟级"精细化气象预报。重大活动气象保障的科技支撑重点包括:一是针对单点的客观预报技术方法的研究,应用人工智能技术针对重大活动组委会关注的气象要素研发算法。二是智能化产品制作发布技术,综合机器学习、自然语言生成等技术,研发智能文字产品生成引擎,支撑从数据到气象服务产品的全流程制作发布。三是研发气象服务产品的可视化展示,做好现场保障的支撑,充分展示气象部门的科技实力。

(4)注重气象服务保障人才队伍建设

重大活动气象保障过程也是非常宝贵的锤炼人才、挖掘人才的机会。通过重大活动气象保障工作的实施,培养技术过硬、具有国际水准的观测、预报、服务、科研队伍。积累一整套服务人员培养经验,形成量身定制的指导模式。一是培养首席气象服务专家,能够熟练驾驭现代预报技术、擅长多源资料应用、具备交叉学科知识和经验积累,以及具备服务敏感性。二是培养具有天气分析能力、具备良好的沟通和临机决断能力的重大活动现场服务团队。历次重大活动保障表明,现场气象服务是最快速、最有效的服务方式,通过服务人员在活动现场对气象条件的感受,可以对天气进行快速订正,并把最新的天气情况以通俗易懂的语言与现场决策者进行充分沟通,以及科普解答天气预报的科学性、复杂性、不确定性等,力争在天气预报不确定性的基础上更加科学有效地决策。

(5)积极探索重大活动气象服务策略

在天气预报准确率短时间内难以大幅度提升的前提下,气象服务策略是有效提升服务效果的捷径,特别是天气预报与实况有偏差时,往往可以及时通过气象服务弥补。策略的应用充分体现了气象服务的艺术,最大化发挥气象信息的效能。一方面,要针对重大活动决策用户,根据需求特点分别建立产品清单,分用户、分天气类型提供针对性气象服务。另一方面,针对气象部门内部业务,建立"规范化＋灵活性"相结合的服务模式;规范化是指重大活动气象服务产品内容、发布方式、服务用语等相对固定,采用统一的标准;同时在规范化的基础上掌握灵活性,不同的值班员对于同一场景可以根据天气预报的不确定性灵活把握跟进的频次,包括注意气象服务的连续性、产品发布的时机、跟进的频次等,充分体现"以人为本"的服务理念。

①保持气象服务口径一致

重大活动气象保障可能涉及气象部门多层级同时对外服务,同一服务用户可能通过不同的渠道收到不一样的气象服务产品。特别是天气的不确定性较大时,由于气象信息更新的时间和发布的频次不同,往往会导致气象服务产品信息的不一致,从而导致组委会对气象部门提供的信息产生不信任感。因此,保持气象服务信息的一致性,可以形成气象服务合力,也是气象部门权威性的保障。

②保持气象预报服务的连续性

高度重视重大活动的第一份确定性预报,也是让组委会印象最深刻的决策信息。跟进式服务过程中,尽量避免预报结论出现"断崖式"调整,出现预报结论变来变去,给服务对象一种犹豫和不自信的感觉,除非把握性大或天气形势出现明显调整时。当预报出现较大偏差时,开展服务要体现"稳"字,妥善处理好预报结论和服务时机的衔接问题。保障过程中可能涉及轮班制,避免出现由于不同的保障人员有时太主动,有时太被动的情况。

③注意气象预报服务的规范化

气象服务保障团队要注意气象服务的规范化,特别是对于气象信息的表述方式,如某些国际上的服务用户习惯上风速采用的单位为 km/h,并非气象部门日常采用的 m/s,等。气象信息并非都是越详细、越精细越好,对于关键的时间段或重要保障区域可以具体描述。要把握好预报"早"和"准"之间的平衡,注意在关键时间节点发布关键气象信息,信息太多就很容易忽略关键信息,甚至会让人觉得是骚扰信息。信息发布频次太低,气象服务太被动,也达不到服务的效果。

④避免信息逐级传递过程中的变化

重大活动期间,各级部门总是期望可以出现好天气。气象信息在逐级向上传递的过程中,不同层级的汇报可能会加入个人的主观判断,到最后出现与气象部门真实预报偏差较大的情况。因此,气象部门需要在一开始就做好对接,尽可能做到"直通式"气象服务,保障组委会各层级掌握的气象信息,都是气象部门发布的最"真实"的预报信息。

⑤综合考虑各种不利气象条件的风险

重大活动可能受到不利天气影响时,气象部门需要从最不利的情况综合考虑影响的风险。当预报出活动期间有好天气,而实际情况是天气转差时,服务效果往往不佳。当预报出可能受不利气象条件影响,而实际情况是天气转好时,满意度往往较高。特别是弱天气系统背景下的气象保障是重大活动保障过程中容易被忽略的保障难点。当活动举办时间处于天气出现时间的边缘,或者活动地点处于天气系统的边缘,天气影响存在着"有"和"无"之间截然相反的变化,主办方更需要精确的气象信息辅助决策。在预报不确定性的前提下采用合理的服务策略,包括注意预报内容的精细化程度、维持预报结论的稳定性、注意决策用户的心理预期等,把握好气象服务的节奏,最大化降低风险,保障重大活动的效果。

⑥高度重视现场气象服务的开展

现场气象服务是代表气象部门在前方工作组履行职责的重要方式,也是重大活动气象服务的重要组成部分。特别是遇突发天气或高影响天气时,现场服务人员可以第一时间把天气的变化和影响快速传递给用户,辅助组委会开展决策调整。特别是部分决策用户对于天气的理解和把握度还不够,现场气象服务人员需要现场开展科普解读,反复强调可能出现的不利气象条件及其影响。因此,需要培养现场气象服务人员掌握各项技能,包括:气象专业背景知识、天气预报工具的使用、气象信息的解读能力、语言表达沟通能力,以及临机决断能力。如,针对冬奥会保障,气象部门提前6年建立团队开展冬训,积累保障经验,与组委会建立了良好的沟通机制。

(6) 营造重大活动气象保障氛围

重大活动气象保障任务艰巨,特别是重大活动保障与汛期气象服务相叠加时,大量远超日常的保障任务需要完成。营造重大活动气象保障氛围是更好地为气象服务人员鼓劲加油的重要方面。同时,开展"树典型、立榜样"的一系列气象宣传工作,通过各种新媒体方式宣扬气象工作者攻坚克难、冲锋在前,以实际行动诠释和发扬"准确、及时、创新、奉献"的气象精神。如:冬奥期间的闭环管理甚至长达半年以上,气象部门把做好重大活动气象服务作为落实全面从严治党主体责任的重要任务。围绕重大活动现场预报服务、探测运维保障等方面成立临时党支部,充分发挥党员先锋模范带头作用。"精益求精、勇于创新、甘于奉献"的气象精神激励着所有气象人奋勇前进,圆满完成冬奥重大活动保障任务。

第 3 章　业务工作流程

重大活动气象保障是一项复杂的系统性工程,涉及气象业务、装备、科研、人员以及组织协调等一系列筹备工作。根据历次重大活动气象服务工作经验总结,大致可以将重大活动保障的主要工作分为四个阶段:筹备期、测试演练期、关键服务期、总结评估期,根据各个阶段的侧重点开展相关的筹备和气象保障工作。

3.1　筹备期工作

气象服务筹备期的长短取决于重大活动本身、活动对气象服务的要求,以及已具备的气象保障技术能力等多方面因素,从几个月到几年不等,或长或短。筹备期主要工作包括:
- ❖ 气象服务需求调研分析
- ❖ 气候背景分析与气象灾害风险评估
- ❖ 气象服务方案编制
- ❖ 业务系统建设
- ❖ 关键技术研究
- ❖ 团队建设

3.1.1　气象服务需求调研分析

气象服务需求调研分析是做好重大活动气象服务的前提,也是编制气象服务方案的基础和依据。通常在气象服务筹备期开展和完成,并且随着筹备工作的深入不断补充和完善。

调研分析的方式,可以通过实地考察、会议讨论、访谈或电话咨询等方式,主要了解重大活动概况、关键时间节点、活动对不同气象要素的敏感性,以及活动组织方对气象服务的具体要求,确立气象服务的内容及重点。针对重大活动保障工作性质,调研的侧重点也有所不同(表 3.1)。

调研需求的过程中,关注活动各阶段对气象服务内容、方式、提供时间等方面的具体需求。重点分析哪方面气象服务需求是现有气象业务能力能够满足的,对于超出现有业务能力的气象服务需求,需要开展专门的科技攻关。

一般情况下,在活动的筹办初期往往需要气象部门根据以往经验、国际国内活动情况开展大量基础分析调研,并结合气象业务服务情况给出初步服务内容;随着活动临近,服务需求逐步清晰,则要根据新需求及时完善服务方案及内容。

表 3.1　不同服务对象的调研侧重点分析

调研对象	调研内容侧重点
组织部门（组委会）	重大活动概况,如:活动规模、组织机构、筹备计划、演练计划、活动特点、起止时间、重点关注的时间段等。
	重大活动筹备,如:专项工程建设、设备设计和组装等对气象条件的特殊要求,演练以及外围保障等对气象信息、气象服务方式的要求,不同气象条件的影响、阈值条件等。
	重大专项保障,开闭幕式及配套的前期大规模演练、彩排、文艺表演活动等对气象服务的需求。
	专项专业保障:围绕重大活动开展的交通、电力、直升机紧急救援等专项保障需求。
城市运行部门	重大活动演练和活动举办期间,城市生命线系统(供电、供水、供暖、通讯等)对突发气象灾害和高影响天气气象应急服务的需求。
社会公众	演练和活动举办期间,公众观礼(赛)、交通出行、旅游等对气象信息的需求。
突发事件应急部门	演练和活动举办期间,对突发公共事件气象应急保障方面的需求,紧急救援、森林防火等。
国内外气象部门	重大活动气象服务组织管理、服务经验、系统平台、关键技术研究等方面的做法。

3.1.2　气候背景分析与气象灾害风险评估

加强和重大活动相关组织方对接,根据重大活动的流程、关注点、参与者等情况详细分析各利益相关方的需求。主要包括气候背景分析、气候预测、气象风险评估或气象阈值指标分析。

(1)气候背景分析

分析重大活动举办地在活动举办期间,历史同期基本气象要素平均情况、极端情况以及可能出现的高影响天气概况。

气温:最高气温、最低气温以及出现高温/低温的日数和概率等,关注气温影响的阈值指标。

降水(降雨/降雪):历史同期平均日降水量、极端最大日降水量、出现小雨(中雨、大雨、暴雨)的日数和概率、出现小雪(中雪、大雪、暴雪)的日数和概率等。

风向风力:风向和风力日变化特征、平均风力、最大阵风达 6 级/7 级/8 级的日数和概率。

除了气温、降水、风向风力外,根据重大活动保障需求,以同样的方式统计分析其他气象要素,开展长时间序列的气候背景分析。

(2)气象风险评估

对于气象敏感度较高的重大活动,在气象服务需求分析基础上,评估可能对活动产生较大影响的气象风险,分析可能造成的后果,提出风险控制措施建议。根据气象灾害风险形成机理,详细分析和阐释致灾因子、暴露度和脆弱性在风险识别、计算、评估和区划中的具体处理方法。特别是重大活动关键区域内对不同气象要素的敏感性评估,有必要展开重大活动现场观测,结合临近气象站资料,采用空间分析方法进行评价。通过建立风险评估模型、归一化处理,以及风险等级划分等方法,获得重大活动保障区域的风险评估结果。根据灾害风险原理,基于风险矩阵法开展重大活动气象风险评估。天气风险可以表达为:

$$风险度 = 危险度 \times 易损度$$

其中,危险度可以用高影响天气出现概率(或频率)来表征,易损度用高影响天气对重大活动(包括游行、空中梯队飞行表演、烟火燃放、群众性活动、城市安全运行等)影响的严重程度表征。依据北京市应急管理局2019年3月5日印发的《自然灾害类、事故灾难类风险评估与控制工作手册》与《北京市突发事件应急委员会关于印发北京市公共安全风险管理实施指南的通知》(京应急委发〔2010〕8号),可以采用风险矩阵法确定重大活动期间的高影响天气风险等级(表3.2)。

表 3.2 基于天气危险性与承载体脆弱性的风险矩阵法

风险等级		后果				
		5(很小)	4(一般)	3(较大)	2(重大)	1(特别重大)
可能性	基本不可能 E	低	低	低	中	中
	较不可能 D	低	低	中	中	高
	可能 C	低	中	中	高	极高
	很可能 B	中	中	高	高	极高
	几乎肯定 A	中	高	高	极高	极高

(3)建立气象风险阈值指标

根据对活动组织方和相关保障部门的调研,梳理重大活动当天的流程安排,分析活动关键环节对天气的敏感性,气象条件对重大活动的可能影响,最终制定出不同气象要素对活动各个环节的影响阈值,在气象服务过程中给予重点关注和提示。针对气象条件的等级,结合重大活动保障中不同项目的承载力,建立分等级的气象风险阈值指标。如表3.3北京冬奥会高山滑雪气象阈值指标,当预计气象条件达到阈值指标时,组委会和竞赛指挥组将考虑采取取消训练或者延期比赛等措施。

表 3.3 高山滑雪气象阈值指标(高山速滑、小回转障碍滑雪和大回转障碍滑雪)

阈值指标	过去24 h新增积雪深度	风速	能见度	降水	风寒效应
临界阈值	积雪深度大于30 cm	平均风速超过17 m/s或者阵风风速大于17 m/s	赛道全程低于20 m	6小时内出现15 mm降水	低于−25 ℃
重要决策点	积雪深度介于15~30 cm	平均风速在11~17 m/s	部分赛道段在20 m以下	出现混合性降水	
需要考虑的条件	积雪深度5 cm或2小时内达到2 cm	阵风风速在14~17 m/s	大于20 m,但赛道全程或部分赛道段在50 m以下		

(4)重大活动气候预测

重大活动的气候预测主要是为决策服务提供支撑。气候预测的提前量在可预报性上限的基础上,尽可能满足组织方需求。根据重大活动保障目标区间跨度分两种情况:

重大活动保障的目标时段区间长度远小于1个月,从远到近可以先提供目标时段的月气候趋势,临近时提供目标时段的主要天气过程预测意见,即递进式滚动开展月气候预测、11~30天延伸期预测。根据组委会的需求适时加密更新发布延伸期气候预测产品。

重大活动保障的目标时段区间长度超过1个月,从远到近可以先提供目标时段的季节或者月气候趋势,临近时提供目标时段的主要天气过程预测意见,即递进式滚动开展季节气候预测、月气候预测、15~30天延伸期预测等不同时效的气候预测。针对组织方的需求,递进式的滚动预测服务。根据需要将上述不同时效的预测意见在多时间节点开展滚动更新,同一时间点亦可叠加提供不同时效的气候预测产品。根据组委会的需求适时提供重大活动保障期间的天气展望、加密更新发布延伸期气候预测产品。

3.1.3 气象服务方案编制

(1)方案形式

气象服务方案一般是根据气象服务需求分析、气候背景分析及风险评估的基础上制定,报备活动主办方,并在筹备及服务过程中不断修订完善气象服务方案。气象服务方案是气象服务工作或行动的计划,是进一步加强统筹规划与综合协调,使得整个气象保障筹备工作有条不紊,最大限度地满足气象服务需求,发挥气象服务及筹备工作综合效益的主要依据和指南。

重大活动气象服务方案包括总体方案,以及实施方案、预报服务、应急、宣传等专项方案和演练方案。对于特殊的重大活动,在上述方案之外,根据国家层面需要,受重大活动组委会委托编制气象服务相关方案。

(2)方案内容

气象服务方案编制内容包括重大活动气象服务目标、组织运行机构、工作机制、服务内容、服务方式、经费预算及保障措施等内容。同时,还包括重大活动的气象服务需求、时间安排、关键节点、工作进度等。根据活动特殊性质和需求,制定应急服务、媒体服务等专项方案。

重大活动气象服务方案的编制随着重大活动筹备工作的进展及气象服务需求的逐步细化,需经历由粗到细、逐渐完善的过程。

3.1.4 业务系统建设

结合重大活动气象服务需求,完成对业务支撑系统的优化、整合和补充建设,针对疑难问题开展关键技术研究,并适时组织测试和磨合,特别是通过演练不断优化、完善业务系统。

(1)观测系统

根据重大活动保障的需求,在活动地点及周边加密建立气象观测站。重大活动气象观测可分为天气尺度加密观测和目标区域个性化加密观测两方面。天气尺度加密观测大部分是依托现有的气象观测资源,从观测频次等方面针对关键区进行加密,比如探空观测频次,风云卫星加密观测。目标区域个性化加密观测则需重点筹划新增自动站、测风雷达、云高仪等布局。此外,可能还会根据需求进行花粉浓度、紫外线等非常规特种观测。如,针对"鸟巢"重大活动服务需求,在冠顶四周及"鸟巢"内部加建自动气象观测站,以满足不同高度的风的观测(图3.1);又如针对北京2022年冬奥会保障升级完善赛场周边自动观测站网(图3.2)。

(2)服务系统

结合重大活动气象服务需求,完成对业务支撑系统的优化、整合和补充建设。近年来,随着智能网格预报业务体系的发展和完善,以高时空分辨率的智能网格预报为基础,建立重大活动客观预报产品集合显示、制作平台,开展精细化预报服务产品的智能制作与发布,并适时开展阶段测试和气象服务准备工作等。以冬奥现场气象服务系统为例(图3.3),采用专用网络接口方式获得北京、河北两地的数据,并实现了与国家气象信息中心的互为备份。系统实现赛场高分辨率资料的可视化分析和产品智能化制作,基于气象大数据云平台"天擎"提供冬奥数据共享服务,以分布式消息系统驱动冬奥产品生成引擎,实现冬奥产品智能分发。由于系统对接的数据量大,采用分布式数据库作为底层数据支撑实现微服务架构,根据冬奥每项业务进行独立研发和部署。同

图 3.1 "鸟巢"自动气象站建设(左:顶部;右:内部)

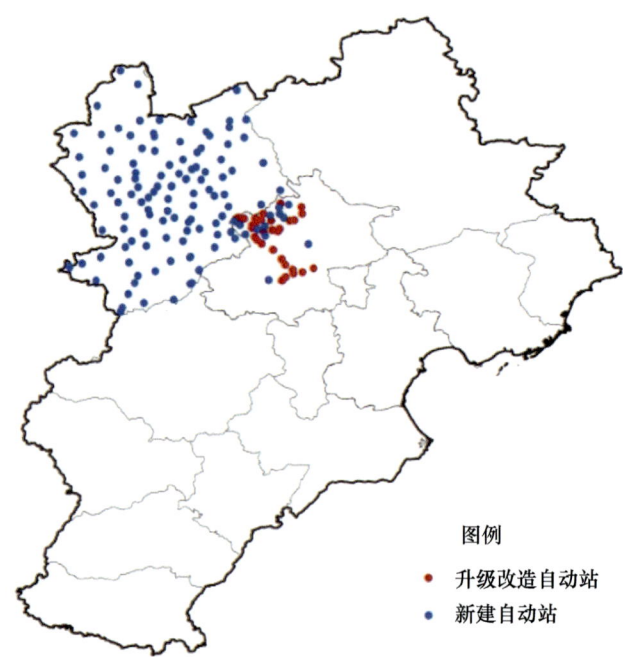

图 3.2 北京 2022 年冬奥会赛场周边自动气象站观测规划

时,基于冬奥全流程监控系统,实现数据及系统运行情况的监控,确保系统有效运行。

系统平台的功能一般需要包括两大方面:

①可视化分析模块:可视化分析模块可以集成展示高分辨率数值模式和模拟产品,以及交通、航空、环境等子系统的专项产品。根据重大活动现场保障业务需求,采用三维 WEBGIS 引擎,以"点(场馆)—线(赛道、缆车线路)—面(赛区)"相结合的方式实现高分辨率客观预报产品的交互显示。模块支持在地图上对所在赛区/场馆的快速定位和气象要素的拾取,提供该点的时序剖面图和表格等视图方式。同时,提供便捷的产品选择、时间选择、前后翻页、动画播放、图层叠加、底图切换等功能,并支持自定义设定关注点(图 3.4)。

可视化分析模块展示关键区高分辨率产品,为开展精细化分析提供支撑。同时,支撑现场

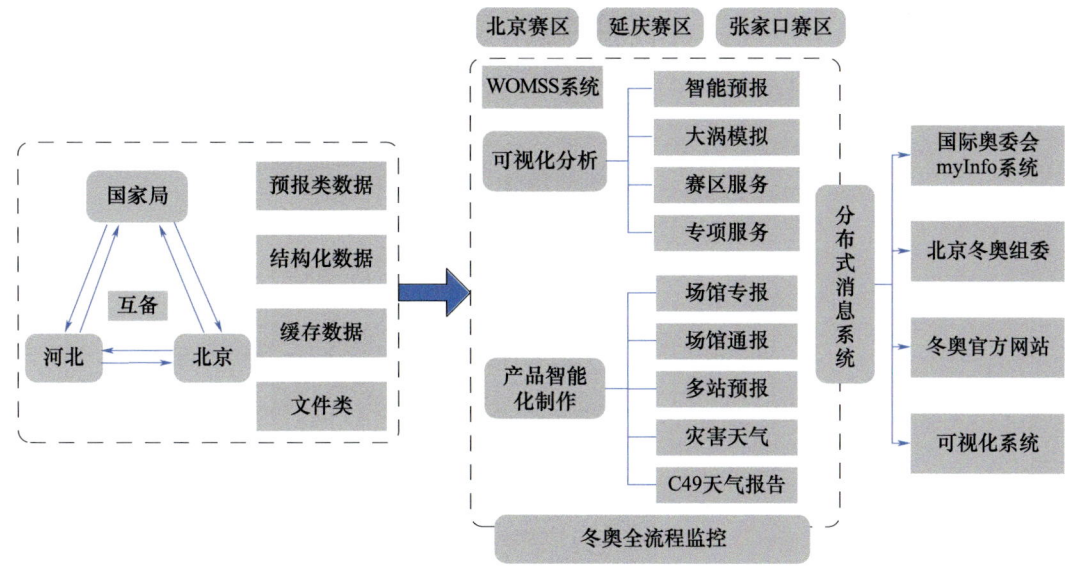

图 3.3　冬奥现场气象服务系统结构图

气象服务人员为组委会或者服务对象解读天气预报,包括实况和预报的展示,在现场服务中展示气象部门的科技成果。

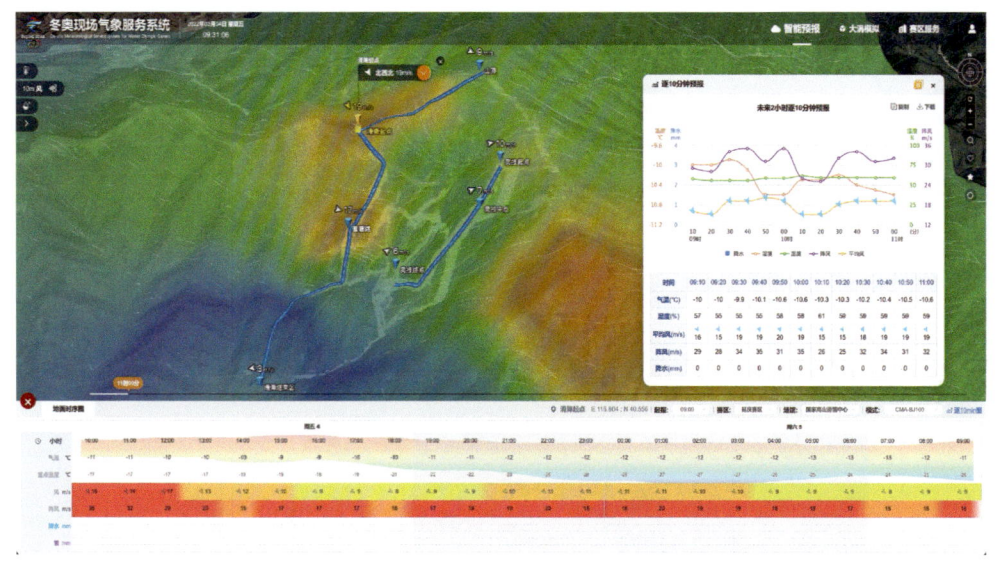

图 3.4　结合滑雪赛道的高分辨率客观预报产品展示

②气象服务产品制作:根据重大活动需求,制定气象服务产品模板,快速制作或自动发布气象服务产品。一方面,结合气象服务需求,形成固定的产品模板,实现一次配置多次使用,减少不必要的中间操作环节。另一方面,如图 3.5 所示,针对临时性、个性化的气象服务需求,使用模块组合技术快速实现产品模板的临时配置,包括预报时长、时间间隔、关注要素等的选择和调整,使得在不修改程序的前提下完成定制化模板的生成和设置。同时,针对精准预报服务需求,研发支撑服务产品制作的客观预报技术方法,如,提高预报准确率的精准预报技术、提高工作效率的要素协同技术等。

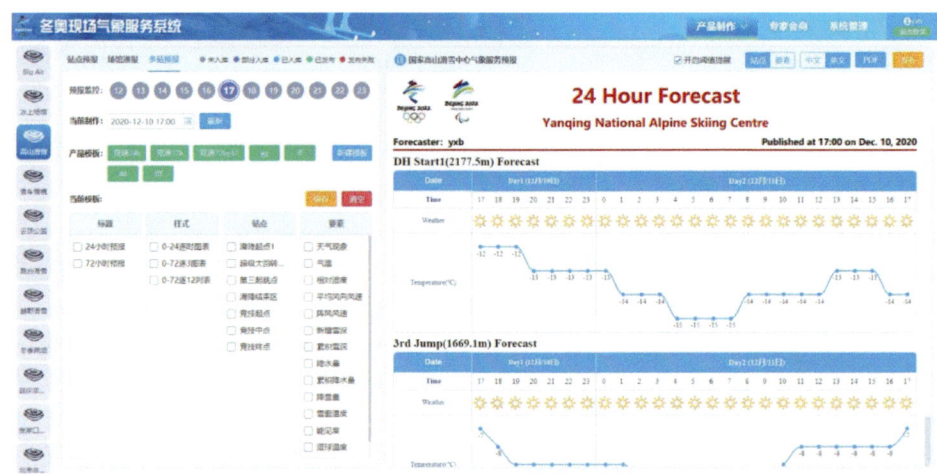

图 3.5　冬奥现场气象服务系统多站预报服务产品制作界面

(3) 团队组建与专项培训

综合考虑保障活动流程安排、点位设置、活动周期等多种情况,提前统筹考虑重大活动业务和日常业务的关系,规划所需专班人员数量、人员结构、职责分工,组建预报服务专班团队。如,北京冬奥会提前5年组建现场服务团队,团队成员每年冬季驻场海陀山开展天气预报的训练工作(简称冬训),包括为第十四届全国冬季运动会训练、"相约北京"测试赛提供气象保障,不断积累山地气象预报经验(图 3.6)。

组织专班队员提前开展活动区域的历史高影响天气分析评估,建立活动时段实时预报服务业务流程等工作,开展关键预报技术研究。根据重大活动保障要求,提前对专班团队进行针对性的专项培训,对目标区域开展预报训练,积累预报服务经验。

根据活动需求组建现场气象服务团队,主要负责面向活动组织方实时提供天气预报服务、解读天气预报、开展气象科普等。如风力等级、降雨级别,不利气象条件对活动的影响等。现场服务筹备期间,对气象应急指挥车、便携式观测设备进行维护测试,提前在活动现场布置网络专线,调试现场气象服务平台等。尽可能早地与组委会建立沟通机制,深度融入重大活动指挥调度体系。

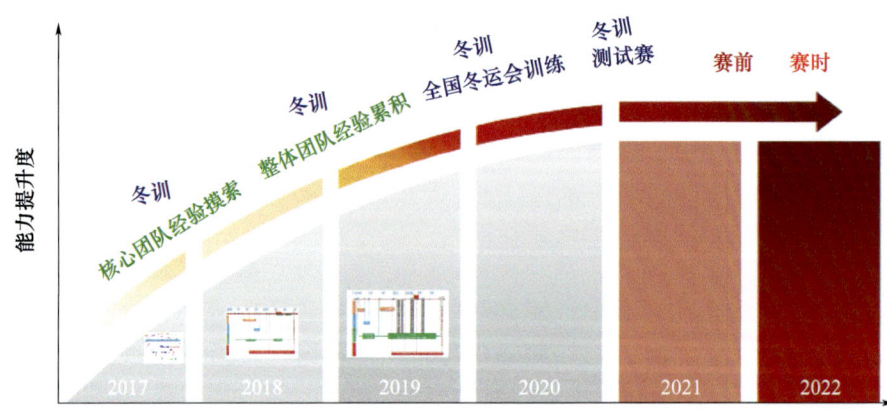

图 3.6　北京冬奥会团队组建及冬训积累山地预报经验

3.1.5 关键技术研究

重大活动气象保障是最高级别的决策气象服务。一方面,常规气象要素的精细化程度,甚至要比城市安全运行保障要求更高。与气象防灾减灾对气象预报在时间、地点、强度上有一定程度"误差容忍度"不同,重大活动对于"定时、定点、定量"的预报误差几乎是"零容忍"。另一方面,可能还涉及特殊的气象保障要求,比如烟花燃放可能需要提供百米级、分钟级低空风预报等。总的来说,重大活动气象保障关键技术主要涉及风险评估技术、协同观测技术、数值模拟技术、人工智能技术等。

(1)气象风险评估技术

重大活动的"气象风险"是指对活动有明显影响的天气风险,与气象部门的常规"气象灾害风险评估"还存在明显区别。例如,小雨、阴天、低能见度、4~6级风都可能对活动产生重要影响;由于有大量的体弱人群(老人、儿童)长时间聚集,"高温风险"中的高温可能定义为大于或等于28 ℃(人体热不舒适的一般起始温度);比如天安门城楼上观看群众游行的嘉宾长时间暴露在强烈阳光下,需要考虑"阳光暴晒风险"。"低温风险"中的低温可能定义为小于或等于5 ℃;"大风风险"主要指6级以上的大风(对机械吊装、烟花燃放有明显安全影响,并非气象灾害中的≥17.2 m/s的8级大风),因此,重大活动气象风险评估中的气象要素评估需要根据活动的需求来确定。

根据重大活动关键区域内对不同气象要素的敏感的工程评估,收集重大活动目标区气象观测资料,结合临近气象站长时间序列的观测资料,采用空间分析方法进行评价。通过建立风险评估模型、归一化处理,以及风险等级划分等方法,获得重大活动保障区域的风险评估结果(图3.7)。

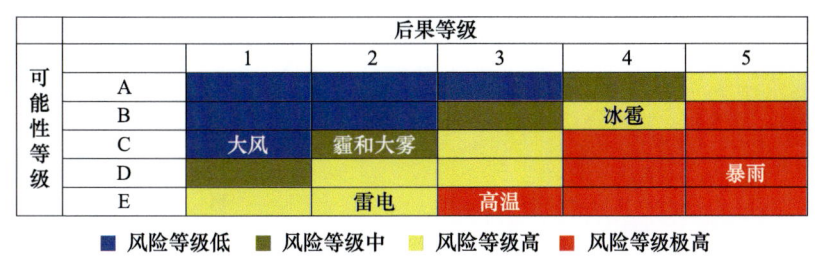

图3.7 气象风险等级评估结果

(2)协同观测技术

天气雷达是气象短时临近预报预警最为重要的手段,除S波段业务天气雷达数据常规应用外,针对重大活动气象保障需求还可以开展多波段天气雷达协同观测研究和应用。北京气象工作者开展了北京地区组网X波段雷达自适应协同观测试验,引入基于神经网络的强对流自动识别算法、基于DBSCAN的重点区域分割算法、优先级计算等先进技术,设计了基于体扫+多RHI扫描的协同调度策略(图3.8)。实现北京多部X波段双偏振雷达(最优化调度两部)进行自动协同控制,能够有效提高雷达观测的时间、空间分辨率和对强回波中心位置的垂直降水结构观测。

一是可以通过观测试验完善算法,提高雷达探测的时间分辨率;二是可以通过开展垂直扫描提升雷达定向探测空间分辨率。三是建立适用于重大活动关键区自适应垂直探测方法,使雷达具备进行PPI扫描、重点保障区域敏感回波识别、RHI扫描组合的自适应垂直探测。目标区雷达垂直探测资料的获取由目前的常规体扫模式获取数据后插值处理,改进为定向垂直自适应扫描后直接获取,使关键区域扫描时效提升至几十秒。

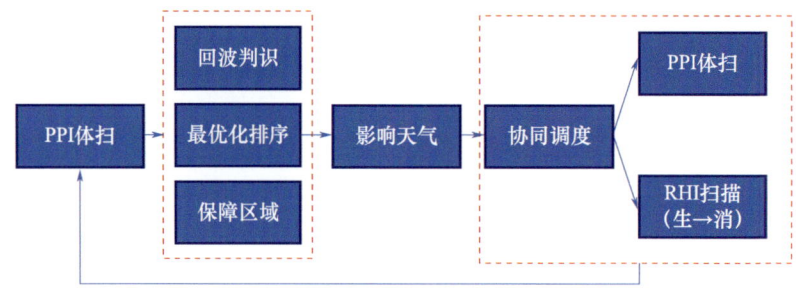

图 3.8　重大活动保障天气雷达协同观测策略流程图

(3) 数值模拟技术

数值模拟是根据大气实际情况,在一定的初值和边值条件下,通过大型计算机作数值计算,求解描写大气演变过程的流体力学和热力学的方程组,预测未来一定时段的大气运动状态和天气现象的方法。随着确定性模式数据、集合预报数据和统计后处理算法生成的产品越来越丰富,预报员在分析的过程中需要处理愈发海量的数据。但是,相较计算机的信息处理能力,人脑在一定时间内能够处理的数据始终是有限的。因此,基于海量预报数据,生成一个"统一的预报起点",供预报员在此基础上进行订正预报,使用客观算法减轻预报员在一般天气情况下的数据处理负担,使预报员能够更集中精力处理极端事件。数值模拟技术主要结合重大活动"点-线-面"的气象服务需求研发精细化模式产品。"点"主要是针对重大活动关键点位,研发单点的气象要素客观预报技术产品,为专项服务产品制作发布提供支撑。"线"主要是结合重大活动线路开展的模拟研究,如,北京马拉松、冬奥会滑雪赛道等专项产品。"面"主要是针对活动区域周边的气象条件进行模拟,如针对冬奥赛场的"百米级、分钟级"高精度客观分析和短临预报产品。如图3.9为北京城市气象研究院睿图模式模拟技术体系。

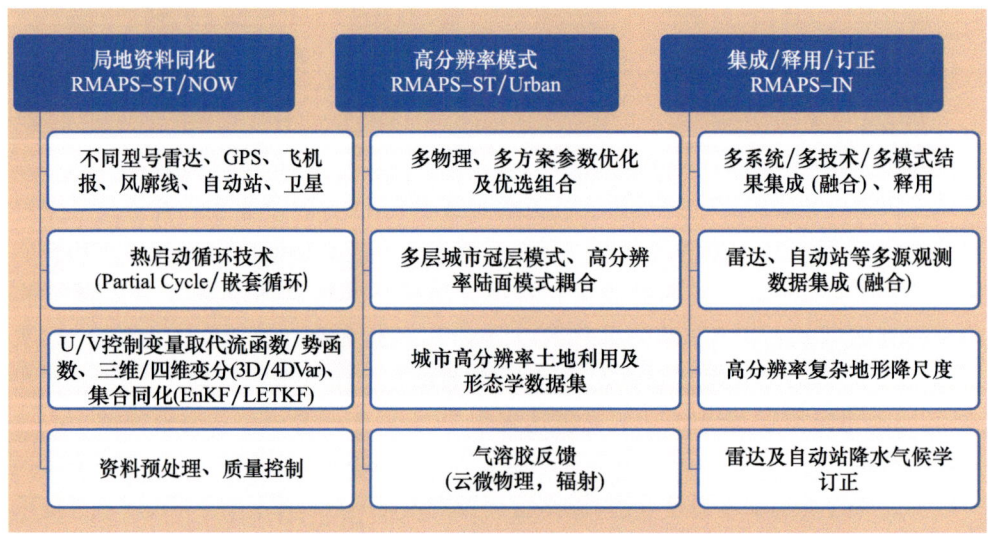

图 3.9　北京城市气象研究院睿图模式模拟技术体系

实况反演技术：重大活动举办地因山区地形复杂而难以大规模布设站点，或者活动举办地较为敏感而无法布设气象观测设备，从而缺乏气象观测资料。因此，可以开展综合观测试验和精细化的小气候模拟，比如用大涡模型模拟山地风场、场馆小气候风险概率、天安门局地小气候等。

局地高分辨率数值模拟：融入重大活动举办地附近高频次的气象观测资料，高分辨率地理信息等，建立重大活动举办地局地高分辨率数值模拟模型，获得百米级分辨率的气象要素预报。数值模拟的范围可达 10 km^2 范围以内，要素分辨率可达米级，提高空间分辨率和精细化水平。

垂直风场预报：针对重大活动的特殊需求，如烟花燃放关注的近地面不同高度的风场，开展地面至 200 m 垂直高度处多层风场预报技术研究，结合激光测风雷达垂直实况探测情况，进行检验评估，积累预报经验。

(4) 人工智能技术

人工智能(AI)的概念自 1956 年提出，包括了专家系统、神经网络、模糊逻辑、机器学习、大数据、深度学习、决策树、贝叶斯定理、云计算、图像识别等众多新概念和领域。特别是机器学习(ML)作为人工智能和网络化发展态势中最核心的内容，其广泛应用已经成为新工业时代的重要标签。

目前在气象乃至整个科技界，人工智能(AI)都是一个热度极高的关键词。人工智能技术在快速模拟计算、革新日益复杂的模式物理参数化、改进模式后处理方案、从观测大数据(尤其是高密度的遥感观测)中提取更多有效信息，以及提升高影响天气预报和强天气短临预报的预报时效性上具有巨大潜力。欧洲中期天气预报中心(ECMWF)和美国国家海洋和大气管理局(NOAA)都曾尝试将数值模式中的某些模块用深度学习算法来替代，结果显示深度学习算法不但没有降低预报准确率，并且在计算效率上有着极大的提升，通常数值模式需要几小时的计算而深度学习算法只需要几秒钟。精细化数值预报和人工智能应用的融合发展将是未来提升预报水平的最优选项之一。

人工智能技术应用的前提是具备高质量的数据集，尤其是需要大规模、高质量的统一标准的长序列的训练和测试数据集，才能开展训练。人工智能技术在重大活动中的应用最常用的是针对模式产品的后处理，建立针对重大活动目标区"单点"气象要素的订正模型，即应用人工智能技术结合模式产品对降水、气温、风力等气象要素进行订正预报。其他方面包括：

AI 在观测中的应用。AI 在雷达观测中的应用；AI 应用于机载或星载地球观测数据集；应用 AI 探测地球科学现象等。

AI 在预报预测中的应用。应用人工智能技术改进数值预报模式参数化的难题，如地球系统模拟中的机器学习应用；应用机器学习改进天气和气候模式的次网格参数化；应用人工智能开展高影响天气预报等。

AI 在行业预报中的应用。应用 AI 技术开展航空气象、提升空间天气预报；AI 在沿海环境科学中的应用；机器学习在电力等方面的专项产品研发等。

AI 在社会科学的应用。将 AI 应用于决策支持；AI 应用于"气象+"的社会和经济影响研究；应用 AI 将天气和气候与社会决策连接在一起等。

(5) 专项预测技术

针对重大活动保障的需求，开展交通、电力等专项预测技术研究，研发气象服务产品。交通方面,包括低能见度、路面温度等。电力方面,包括电力负荷等专项预测产品,开展针对重大活动目标区的精细化服务。

(6)专项培训

根据重大活动具体要求,规划部署必要的气象观测设备和网络环境,改进气象预报、服务业务平台。组织气象服务队伍,开展专项培训。培训内容包括:气象观测资料应用、数值模拟技术及产品应用、气象预报服务业务平台操作、气象关键技术应用等。对于新产品的应用,气象预报员需要提前熟悉、了解服务产品的性能、优缺点等,才能在重大活动保障的关键节点真正发挥效益。重点是对于气象服务策略的应用,建立规范化重大活动气象服务业务流程,在此基础上灵活把握气象服务的灵活性,充分体现气象服务艺术。

3.1.6　团队建设

针对重大活动保障要求,组建预报团队、研发团队、服务团队,各团队之间既有明确分工,也有密切合作。

预报团队:组建重大活动保障专班,重点针对重大活动保障地点的预报难点开展分析,积累预报经验。在重大活动保障期间负责分析天气,组织和参加专题会商,提高预报精准度。

研发团队:针对天气预报能力的提升,以及重大活动关注的气象条件开展科技攻关,支撑预报员天气分析和服务人员的保障。

服务团队:梳理重大活动保障的需求、风险影响阈值、气象服务产品设计、服务业务系统建设等工作,并按要求开展现场气象服务。

3.2　测试演练期

一般地,选择筹备期截止时间至活动举办日前1个月为气象服务演练期。为了保障重大活动期间业务系统的稳定性,一般把活动举办日前1个月为气象服务系统和流程封版的时间节点,此后无特殊需求时一般不适宜再进行系统和流程的更改。演练期侧重结合重大活动演练、彩排等活动,进行气象服务和应急保障能力与机制的测试演练,磨合工作流程。

3.2.1　演练工作要求

测试演练可结合重大活动演练、彩排开展,也可以在活动正式开始前在气象服务机构内部组织。测试演练结束后,应及时根据测试演练情况对服务方案进行调整完善,完善人员技术准备。测试演练内容主要包括内部工作流程、对外服务接口和应急保障措施,以及预报服务系统建设、运行情况,检验科技研发成果及应用情况,检验预报制作业务流程、岗位设置和服务能力。具体如下:

(1)气象部门内部演练:结合气象业务服务系统和业务服务流程的优化、整合和补充建设情况,组织开展针对系统和流程的内部测试和演练,重点测试业务系统及流程等各项工作的应急响应。

(2)组委会组织的演练:结合重大活动预演、彩排等演练活动的气象服务保障,进行气象服务和应急保障能力与机制的测试演练,重点测试气象部门与重大活动组委会的衔接和融入情况。

（3）结合测试和演练中发现的问题，进一步补充完善气象服务方案、调整优化气象业务服务系统、流程、工作机制等。

3.2.2　气象部门内部演练

根据不同的测试与演练目标，可以设置测试与演练的场景，如：

场景1：气象观测数据无法显示，探测设备（如雷达、风廓线、自动站等）出现故障，或者传输网络故障。

场景2：数值模式预报产品缺失。

场景3：气象服务系统平台出现故障，无法正常制作或者发布气象服务产品。

场景4：高性能计算机运行故障（停电、遭受黑客攻击等）。

场景5：信息传输系统故障（服务器设备故障、受黑客攻击等）。

场景6：业务系统崩溃，导致无法分析资料，制作发布服务产品。

场景7：突发公共事件/突发事件气象应急保障。

场景8：出现气象相关的负面舆情。

……

根据不同场景演练结果，完善工作应急预案，确保应急响应迅速。从人员应急、系统应急、网络应急、设备应急等方面制定详细应对方案，查找各项气象筹备工作的不足，确保突发事件处置迅速，完成应急状态下的气象服务。

3.2.3　组委会组织的演练

根据重大活动组织方的演练要求，进一步测试气象部门工作流程。通过与组委会的沟通，提前了解彩排的工作流程、关键时间节点，结合天气影响的风险提供针对性服务。通过与重大活动保障的同频彩排演练，测试气象部门业务运行情况，初步形成为重大气象保障提供优质气象服务的业务环境、业务流程、保障队伍和运行机制。演练过程中，重点检验气象部门与重大活动组织方衔接是否流畅。

一是测试天气会商业务流程：一般由气象部门派驻重大活动现场的人员根据现场情况汇报重大活动关注的重点，包括现场组织情况、重点时段、关键决策点、应急措施等，后方专家团队根据需求开展针对性会商，天气会商的倒排期等需要围绕重大活动保障的时间节点展开。

二是测试数据产品清单：检验数据产品更新发布的频次是否正常，信息网络安全及畅通情况，检验与重大活动服务用户之间的信息传输是否通畅。

三是测试岗位人员情况：包括重大活动岗位的设置、人员配置、应急响应措施是否及时到位等。

3.2.4　通过演练完善应急预案

充分利用活动演练的机会，动态掌握气象服务需求，比如观众进场和撤场时间、烟花燃放的具体时间节点，以及组织方对气象保障提出的新需求等。完善气象服务方案，及时将获取的信息融合到气象服务流程中。在正式活动保障期间合理安排加密天气会商，对活动专报内容、发布频次进行完善，使得服务更具有针对性。特别是部分重大活动前期由于各种原因，对重大活动具体流程等信息可能掌握不周,更是需要提前筹划各种可能场景,开展模拟演练。

由于天气预报难以做到百分之一百准确,特别是强对流天气局地性、突发性强,定点、定时、定量的预报具有较大不确定性。因此,需要提前进行气象服务策略研究。综合考虑重大活动气象影响指标、预报准确率、天气的实际情况等进行详细分析,设计制定不同预报时效、不同预报结论下的服务策略及应急预案。

3.3 运行保障期

运行保障期是重大活动气象服务关键环节。一般确定重大活动举办日之前 7 日开始进入重大活动运行保障期,视情况启动特别工作状态。针对临近期内举行的重大活动综合性预演、彩排活动的气象保障可视同重大活动实战气象保障,实行关键气象服务期的工作运行机制。主要任务包括:
- 启动和执行重大活动气象服务保障特别工作机制;
- 组织开展加密气象观测和滚动天气会商;滚动制作精细化气象服务产品;
- 根据组委会需求,安排专家到重大活动现场开展现场气象服务;
- 有针对性地开展重大活动气象服务新闻宣传等。

3.3.1 加密气象观测

根据气象服务方案,适时启动加密气象观测。开展地面加密观测和探空加密观测,获取重大活动目标区周边更加稠密的气象观测数据,辅助开展精准预报的制作发布。适时申请风云卫星加密观测,获取目标区及上游的沙尘监测、地表温度、温度廓线等。预报员通过网站及可视化系统进行调阅,随时查看目标区及周边天气实况信息,并对预报进行检验和订正,提高目标区的精细化预报的精准度。通过短时临近监测,获取降水云系离目标区距离、移动方向、移动速度、降水类型、云顶高度、0 ℃层高度、回波强度等。根据天气系统距离目标区的距离,结合地基和空基探测设备特点,开展天气监测预警。不同阶段需要关注的探测产品如下:

(1)距目标区 100～300 km

加密卫星观测资料:卫星观测是利用各种气象遥感器从太空获取地表大气层资料,具有覆盖广、不受地表建筑物遮挡影响,较适合远距离大尺度天气系统移动和演变监测,以及针对不适合布设气象观测设备的山区或者关键区开展监测,如冬奥会期间延庆海陀山区。通过卫星资料,可以提供云系移动速度、方向、云顶高度、地表温度、温度廓线、100 m 分辨率云图、积雪覆盖、雪深、雨雪相态、沙尘等监测产品。

S 波段组网雷达:气象雷达为主动式微波大气探测设备,是监测和预警强对流天气的主要工具,但是受限于探测距离和波束展宽效应的影响,组网 S 波段雷达可以每 6 分钟更新回波强度、移动方向、移动速度。探测范围一般在 200～300 km。

周边地区探空:探空仪可以获取高空大气中任意高度上气象要素分布情况。重大活动保障期间,在日常业务固定时次基础上,组织周边省(区、市)气象台站增加探空观测频次,获取不同高度垂直大气分布情况、0 ℃层高度、不同高度风向风速等。

(2)距目标区 100 km

X 波段偏振雷达：近年来 X 波段偏振雷达在独立或组网系统中用于天气监测和研究的优势较为显著。与常规 S 波段或 C 波段业务雷达相比，X 波段雷达可以提供差分反射率、差分传播相移等偏振参量，拥有在中远程低空大气探测的高分辨率和覆盖范围，以及跟踪和追踪风暴的能力，产品更新时间分辨率可以达到 3 分钟，甚至可以提升至 1 分钟。同时，通过重大活动目标区的定向扫描，可以获取目标区附近降水云系垂直结构的精细化观测。单部 X 波段雷达探测范围一般在 50～100 km。

(3)超近距离精细化观测

云雷达探测：云雷达主要用于云、弱降水等目标的探测，可以实时获取气象目标宏观、微观的动力学特性信息，可以监测降水云系回波强度、径向速度和谱宽等产品，并可反演云顶高度、0 ℃层高度、液态水含量、云滴下落末速度；更新频次达到分钟级。

风廓线雷达：通过在目标区周边建设风廓线雷达，可以向高空发射不同方向的电磁波，利用多普勒效应探测单点不同高度上的风向、风速等气象要素变化，弥补其他观测设备高空风观测时空密度不足，更新频次为 6 分钟。

微波辐射计：微波辐射计可以实现高时空连续温度、相对湿度、水汽密度廓线等观测，相较于其他观测，该设备具备连续分钟级观测等优点。微波辐射计仍然是当前使用最广泛的获取高时空分辨率的温度廓线、湿度廓线的重要工具。

微雨雷达产品：微雨雷达是一种可以对雨滴谱垂直分布进行连续观测的仪器，可以获取回波强度、多普勒速率、云顶高度、0 ℃层高度、液水含量、降水量、雨滴谱分布等产品。时间分辨率最高可达秒级，适合开展快速降水微物理结构辅助分析。

3.3.2 天气会商与预报预警

(1)天气会商

针对重大活动业务运行和服务实施，加强与上级业务部门和周边气象台站的工作联动，并根据需要适时组织与国家级业务单位、周边地区气象台站的联合天气会商，保持预报口径统一和服务产品一致。可以在气象部门常规天气会商中增加重大活动保障的关注点等内容，或者专门组织针对重大活动保障的专题会商。

根据重大活动保障的关键时间节点建立会商倒排期，主要内容包括：会商的具体时间、参加单位、组织单位、会商方式(现场/视频)、重大活动保障关注的重点等，会商结束后形成统一结论。

会商关注的重点包括活动期间天气过程的开始和结束时间、强度、影响范围、对大型活动的可能影响等，以及高影响天气对户外活动、交通、人体健康等方面的影响。

(2)预报预警

根据服务方案，通过重大活动预报服务平台制作发布专项气象服务专报。当天气的影响达到一定程度时，制作发布基础预报预警产品。遇不利天气条件可能影响到活动举办区域时，及时向活动组织方及相关保障部门发布提示信息。视天气和活动情况，加密制作发布各类精细化气象服务产品。

3.3.3 跟进式服务

重大活动开始前，根据服务方案，适时提供重大活动目标区延伸期和中、短期天气预报等预报服务产品,以及主要天气过程对大型活动的可能影响及应对建议。

重大活动期间,根据组委会要求,逐日提供活动所在地短期天气预报、空气质量预报、活动主办方关注的各类生活气象指数预报,以及近期天气展望、出行参考等提示内容。

重大活动关键时间节点,根据天气形势和活动需求,逐小时/逐半小时滚动加密提供活动举办地点精细化天气预报。

遇雨、雪、雷电、大风、雾、霾等对活动产生影响的天气,及时通过约定方式向活动主办方滚动加密提供举办地实时气象监测产品、精细化短时临近天气预报、气象灾害预警信息及防御提示。

在公众气象服务方面,除日常天气预报信息外,增加针对活动地点及周边区域的精细天气要素预报、生活指数预报、活动和出行提示等特殊预报服务内容。服务方式包括微博微信、公众网站、专项 APP 等。

3.3.4 现场气象服务

重大活动气象服务保障中,为满足决策服务用户需求,往往需要派出现场服务小组参加驻地办公或现场服务保障,即现场服务。现场服务是常规服务的很好补充。现场服务可以显著弥补预报的不足,是目前加强服务能力的一种有效手段。重大室外活动,尤其是夏季的室外活动,提供现场服务可以起到事半功倍的效果。相较于通过传真、邮件等发布气象服务专报的常规服务方式,现场服务优势主要体现在以下两方面:

一是现场服务面对面汇报、解释,以便用户依据预报服务信息做出正确决策。现场服务人员直接面对用户决策层,特别是遇突发天气或高影响天气时能够在第一时间把最新气象信息传递给用户,效率明显提高。同时,通过现场服务中对服务专报的解释,有利于用户理解和使用预报,坚定决策的信心。

二是现场服务可以使得气象服务人员和服务对象开展高效互动,服务需求和服务信息及时反馈,大幅度提高预报服务针对性。重大活动气象服务需求调研是持续过程,随着活动进展,需求也在不断变化。现场服务保障中驻地办公方式,有效提高了服务需求调研效率,确保了后续服务工作的顺利开展。根据现场服务人员与服务用户的互动,更全面了解用户最新需求,从而提高气象服务针对性和服务效率。

3.3.4.1 现场服务方式

根据历次重大活动现场服务保障总结,建立了重大活动现场气象服务工作流程(图 3.10)。重大活动开始前,组织考察活动现场观测环境、通信和电力等基础保障情况,合理架设现场观测设备,保障业务平台正常运行,保持与本地气象台的远程连线等。重大活动现场服务保障期间,密切监视天气变化,随时与本地气象台会商联动,研判可能由于天气原因造成的不利影响,及时向用户解读最新气象监测、预报和预警等信息,提出应对建议。

目前现场服务方式主要包括固定位置保障、机动保障和伴随式保障。

(1)固定位置保障:是指应活动主办方需求,在活动地区或周边固定位置临时搭建驻场气象台保障,如世园会气象台(图 3.11)。需要在现场指挥部布置驻地办公环境,提前准备开展气象预报服务保障所必备的设备、系统等软硬件设施。其特点是实施气象保障的场所是相对固定的,业务设施、特别是观测场地与设备、通信线路与设备是预先设定的。一般要求有 1～2 个工位,为现场人员开展气象预报服务工作创造条件。按气象业务规定实行排班轮值制,每天至少 1 名气象服务人员在场值守,视情况增加应急人员。对于保密程度较高的现场保障,根据大型活动主办方要求应用无线对讲机开展现场保障天气汇报。固定位置保障适用于活动举办周期长的重大活动。

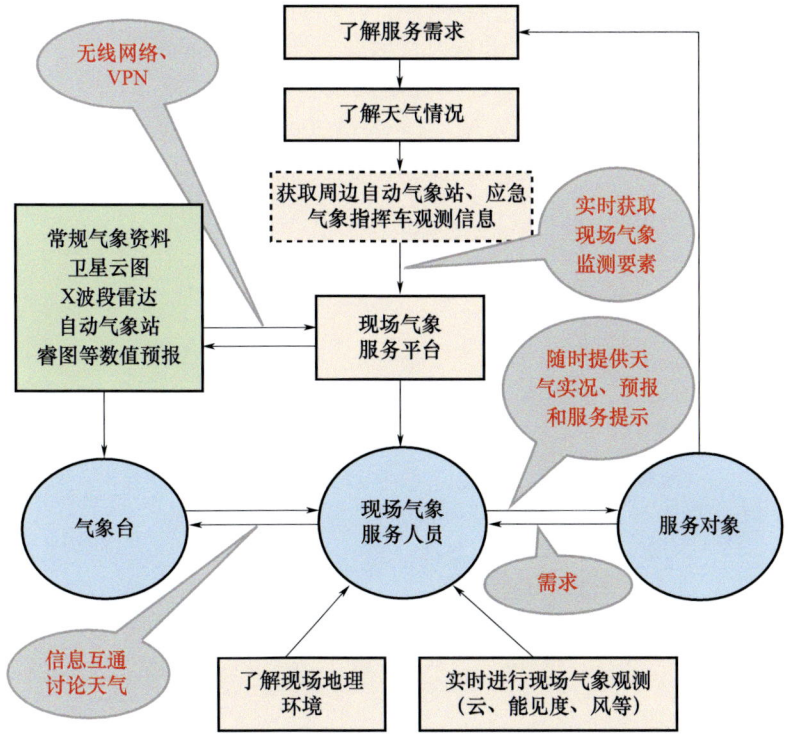

图 3.10　重大活动现场气象服务工作流程

图 3.11　中国北京世界园艺博览会现场气象保障

（2）机动保障：主要是指应急指挥车保障。气象部门派遣气象应急指挥车到活动现场周边，开展实时气象观测，应用实况资料对预报结果进行订正，解读天气实况和预报信息。其特点是气象保障车的位置是移动的,在机动中遂行保障。适用于活动举办周期较短、活动等级较高的室外大型活动。应急指挥车保障主要工作包括现场组织协调、现场"云能天"观测、气象预报服务、后勤综合保障等。应急指挥车的观测设备可观测的气象要素包括温度、风向、风速、相对湿度、气压等,观测频次可达秒级。必要时提前准备便携式探测设备,适时开展气象观测,以弥补应急指挥车观测能力的不足。如,针对关键区现场保障一共7人承担了现场服务大量的协调和汇报工作(图3.12),包括观测人员、服务人员、后勤保障等。应急指挥车与活动举办地点的距离一般在1 km范围以内。距离目标区越远,气象观测数据代表性及订正效果越差。

图 3.12 气象应急车现场保障

(3)伴随保障:针对重大活动目标点位较多的特点,气象部门派出人员伴随重大活动服务方,随时为服务方的决策提供气象信息。其特点是气象服务人员已经成为重大活动组委会机构的一部分,并且随时可以转移。伴随保障具有机动性强的特点,随时可以跟随组委会转移,如奥运火炬传递保障等。保障过程中,需要时刻与后方专家团队保持联系,把沿线的观测情况反馈,并会商天气情况。

3.3.4.2 人员要求

重大活动现场服务人员视服务方式略有差别,固定位置保障一般每天有一人在岗位值班,必要时安排一名首席预报员进行天气和服务材料的把关。机动保障一般有6至7人,包括组织协调、"云能天"观测、天气情况汇报、应急车后勤保障等。伴随保障一般安排一人跟随组委会综合保障团队,代表气象部门作为后方专家与组委会沟通的桥梁发挥重要作用。

上述三种保障方式,视天气情况都可能需要增加人员,特别是突发性强天气。重大活动现场可能有多个分指挥部,都需要气象服务人员现场汇报天气。总的来说,天气情况汇报对现场服务人员有三方面的要求:

(1)具备一定的气象背景知识

现场服务人员要对天气预报有一定的解读能力,对于气象方面的专业术语要做到心中有数,如降雨等级、风力等级等。要求熟练掌握常规气象资料查询和分析工具,随时掌握气象资料的更新。一般至少具有5年以上气象预报服务经验。

(2) 全面掌握气象服务需求

现场服务人员要掌握主办方气象服务需求,包括重大活动开始和结束时间、关注的气象条件、气象风险等级、气象历史平均状况、极端情况等,以及活动对不利气象条件的承载能力等。同时,需要提前熟悉重大活动举办地周边地形环境特点。

(3) 具备很强的沟通及临机决断能力

现场服务人员需要具有良好的沟通和表达能力,一方面,可以很好地理解服务用户的需求和关注点;另一方面,可以把复杂的天气过程用通俗易懂的语言反馈给组委会。同时,还需要掌握一定的服务策略,具备一定的心理学知识,关键时刻具有临机决断能力,及时帮助主办方做出科学决策。

3.3.4.3 汇报工作要求

(1) 天气的基本内容

要把天气系统当前和未来的发展趋势汇报清楚。目前活动地点周边/上游出现了何种天气、是否伴有大风冰雹等灾害性天气,主要天气系统目前的位置、距离活动举办地的距离,以及天气系统未来的发展趋势(移动方向、移动速度、强度变化等),预判对活动的关键时间节点是否有影响。

(2) 预报的不确定性

要把天气预报的不确定性汇报清楚。准确把握重大活动组委会的预期,要把数值预报模式调整带来的天气的不确定性用科学的语言表达清楚,包括强度的变化、时间上的调整、出现天气的概率等。

(3) 气象风险的概率

要及时汇报其他不利气象条件风险的可能性。根据重大活动用户承载力,综合考虑各种风险,预判活动举办的关键时间节点是否会出现灾害性天气(雷雨、大风、冰雹等),是否对活动产生影响,以及影响的程度,以便服务用户做好应对不同天气提前采取措施。

3.3.5 城市安全运行服务

城市安全运行的保障任务主要来自市委市政府、城市运行相关的服务保障指挥部、城市管理委员会及各区政府等部门和领导。服务需求主要包括本地区未来一周预报,强降雨、大风、寒潮等高影响天气预警信号,以及交通、森林防火、供暖等气象专项服务保障。可以通过日常的安全邮件、电话、传真等方式,以及用户指定的方式发布。

3.3.6 新闻宣传科普工作

紧密跟踪和关注重大活动动态,监测气象相关舆情,适时通过新闻发布会或新闻通稿方式,加强重大活动气象保障的新闻宣传工作。重大活动新闻发布会方式主要包括:一是气象部门召开气象专场新闻发布会,介绍活动期间天气情况、气候分析及影响评估、城市安全运行保障等。二是根据组委会的要求,派专家参加重大活动筹办方组织的新闻发布会,介绍天气情况及影响。三是以新闻通稿的形式进行气象信息的广泛发布。

新闻发布会的主要内容,通过新媒体各种方式围绕气象部门的观测、预报、服务等方面展开介绍，包括气象预报服务筹备工作、气象部门开展的预报服务关键技术、气象人的工作作风等。

3.4 评估总结期

一般确定重大活动气象服务完成后6个月内为气象服务总结期。主要任务包括：开展和完成气象服务效益评估、对气象服务进行全面系统的总结。

3.4.1 效益评估

活动结束后，以重大活动主办方和活动参与人员为重点评估对象，立足于从用户角度对气象服务的效益进行客观评价，从用户期望度和满意度出发，评价气象服务产品内容的准确性、通俗性和精细化程度，气象服务手段的便捷性，服务产品的及时性，以及气象服务人员综合能力和气象服务社会经济综合效益等。根据不同类型的用户设计和采用相应的调查评估方法，分用户开展调查，积累重大活动保障经验

3.4.2 服务总结

从气象监测、预报、服务、科研、团队和沟通合作等方面总结重大活动气象保障服务的经验，分析存在的不足，探索改进措施。以重大活动保障中形成的预报关键技术和服务经验融入日常业务，带动气象日常业务的发展，真正发挥气象防灾减灾第一道防线的作用。

第4章 典型保障案例

2008年北京奥运会以来,北京承担的重大活动气象保障明显增多。重大活动气象保障工作涉及气象服务需求分析、天气的可预报性、气象预报服务全流程衔接等诸多方面的工作。实践过程中,有的重大活动保障较为成功,有的重大活动保障和预期有所偏差。本章从近年北京所开展的重大活动气象保障中选取具有代表性的典型案例,力图重现气象服务保障全过程,总结重大活动气象保障经验。

4.1 第三十七届北京马拉松活动

2017年9月17日,第37届北京马拉松(以下简称"北马")在北京举行。北马活动的起点为天安门广场,终点为奥林匹克森林公园中心区庆典广场,全程42.195 km(图4.1)。来自42个国家和地区的近3万名运动员参赛,创造了国内单场马拉松赛事破3小时完赛的人数之最,达到了358人,是一场高规格、高质量的赛事。北马活动期间,北京地区天气总体较有利于赛事的举办。针对此次北马气象保障,北京市气象局打破多年传统只简单提供天气预报的服务模式,基于互联网和大数据融入式气象服务技术,创新开展融入式"互联网+气象+体育"保障服务新模式,用智慧气象科技开展北马赛事的筹备、赛中和赛后服务工作,获得多方好评。本届北京马拉松气象服务模式获评中国气象局创新工作奖,本节回顾北马气象服务过程,做好创新工作的经验传承。

4.1.1 马拉松赛事服务需求

(1)北马赛事概况

马拉松赛是一项长跑比赛项目,这一项目是所有体育运动中体力消耗最大的。正是由于其长距离、耗时久、高强度的特点,其对比赛的各种设施、环境要求颇高。一场完美马拉松离不开三个要素:天时、地利、人和。"地利"指的是平坦高速的赛道,"人和"是赛事的组织质量和选手自己的准备,而"天时"是以温度和湿度等为代表的天气因素。由于是在露天开放场地,除了能让观众在道路两旁观看,对参赛者来说,更是每跑一步、每过一段都是不同的风景,这也是马拉松的独特魅力之一。近年来,我国马拉松赛事数量呈井喷式增长,2016年达328场,近280万人次参加,比2014年开办场次增长5倍多,参加人次增长了2倍。

2010年北京国际马拉松赛更名为"北京马拉松",2010—2014年均在每年10月中下旬进行,2015年起举办时间从10月调整到9月。2016年和2017年参赛人数相当,完赛率均超过95%。北马是中国田径协会市场化程度最高、规模最大、最具代表性的单项赛事,已发展成为具有国际影响力的传统体育赛事。

图 4.1　北京马拉松线路图

(2)气象条件影响分析

全长 42.195 km 的马拉松长跑是最耗费体力的运动之一,对气象条件十分敏感。即使在最好的天气条件下,未经过大运动量锻炼的普通成年人也难以胜任 42.195 km 长途奔跑,若遇到高温、低气压、高湿度或大风大雨,对于训练有素的运动员顺利完赛也有影响。不同天气对马拉松的筹备、比赛的开展及完赛成绩都有很大影响。1981 年举行的首届北京国际马拉松比赛和 1982 年第二届均遇到大风天气,特别是 1982 年比赛出现了 6~7 级大风,导致运动员的成绩平平。1987 年 10 月 18 日举行的第七届北京马拉松比赛时,又遇到了大风,使这一年的马拉松成绩直线下降。2014 年 10 月 19 日北马当天,北京的 $PM_{2.5}$ 指数达到 331,达到重度污染,比赛现场不少运动员都戴起了各式各样的高倍防护口罩,成为马拉松历史上"奇特"的一幕。2019 年 5 月 25 日,陕西宝鸡陈仓国际马拉松因气温最高达 35 ℃、道路地表温度高达 72 ℃,提前终止了比赛。

据统计分析发现,在北京国际马拉松赛中,气象因子的综合影响,可造成比赛成绩最大变化幅度 9~12 分钟。因此,马拉松赛事组织者在公布马拉松运动成绩时,通常会附加说明比赛时的天气条件(气温、湿度、风向、晴雨等)以供参考。对马拉松比赛影响较大的气象因子有气温、风向风力、降水、空气湿度等,具体如下:

气温与马拉松赛事相关的心脏骤停、心源性猝死均有显著的正相关关系。在炎热的环境中进行马拉松比赛,无氧代谢的能量供应相对增加,导致血液和组织中的乳酸堆积就会增加,使工作能力下降,并提前出现疲劳状态。在气温较高的条件下参加比赛容易发生中暑或晒伤,大量的出汗也会使参赛者丧失过多的水分和钾、钠、钙、镁等矿物质,易发生脱水现象;因此,高温下的降温补水尤为关键,运动员需要适时到补水站补水和电解质,并用降温海绵对身体进行适当降温,以减轻疲劳感,防止脱水。气温过低时则容易使得人体血管收缩,肌肉战栗,导致抽筋,甚至休克等。气温在 14~16 ℃时最为适宜。

风向风力对运动员比赛成绩影响主要表现在两方面:一是散热,二是阻力或推力;无论是风向还是风速,都对比赛有较大的影响。迎风跑,或者侧风太大,跑起来吃力,运动员速度受影响;顺着大风跑要好一些,但被大风吹着感觉会不太舒服。最好是微风,既有利于散热也不阻碍发挥。一般风力在 2~3 级是最为适宜。

降雨也会对运动员取得好成绩产生影响。雨太大显然不利于马拉松比赛,但在毛毛雨中跑步却是最舒服的,能帮助运动员加快散热。

湿度和降水的影响较为相似,空气太干燥对于不能及时补充水分的运动员不利,而空气太湿润不利于参赛者的身体散热。

气压较低时参赛者会感到胸闷,不利于大口呼吸空气,跑起步来非常吃力。通常情况下,气压越高越好。

相关专家针对北马比赛成绩和同期马拉松比赛日气象观测资料分析得出最适宜马拉松比赛的气象条件(表 4.1)。总体而言,能带来凉意的微量降雨、体感略低的气温、中等强度的气压和湿度,以及轻拂的微风更有利于马拉松运动员取得好成绩。

表 4.1 最适宜马拉松比赛的气象条件

马拉松项目	天空状况	气温(℃)	风速(m/s)	相对湿度(%)	气压(hPa)
男子	微量降雨	14~16	2~4	30~60	1015~1020
女子	微量降雨	14~16	2~5	30~60	1015~1025

4.1.2 北马期间天气情况

(1)北马期间天气形势

2017 年 9 月 17 日,北京地区主要受低涡底部西北气流影响。从 500 hPa 高空环流形势场可以看到(图 4.2a),17 日 08 时低涡中心位于东北地区。低涡底部不断分裂小股冷空气南下影响华北地区,使得北京大部分时间维持晴到多云天气。从地面图可以看到(图 4.2b),北京处高压前部弱气压场中。这种高低空配合的形势,北京容易出现天空晴朗的好天气。全球数值模式预报和区域中尺度模式预报,对 9 月 17 日的天气形势预报基本一致。

(2)北马期间气象条件

2017 年 9 月 17 日,北京大部分时间天气以晴到多云为主,阳光照射强烈,风力不大。从 9 月 17 日当日 24 小时逐小时气温和极大风速变化情况可以看到(图 4.3),南郊观象台当日最高气温 29.4 ℃,出现在 15:30。参赛选手 7:30 从北马起点天安门广场出发,广场气温从早晨的 19 ℃上升至中午的 29 ℃左右。终点处奥林匹克公园站中午气温也达到了 30 ℃。北马比赛期间风力不大,极大风速 2~6 m/s。相对湿度在 20%~60%。整体而言,比赛当日气象条

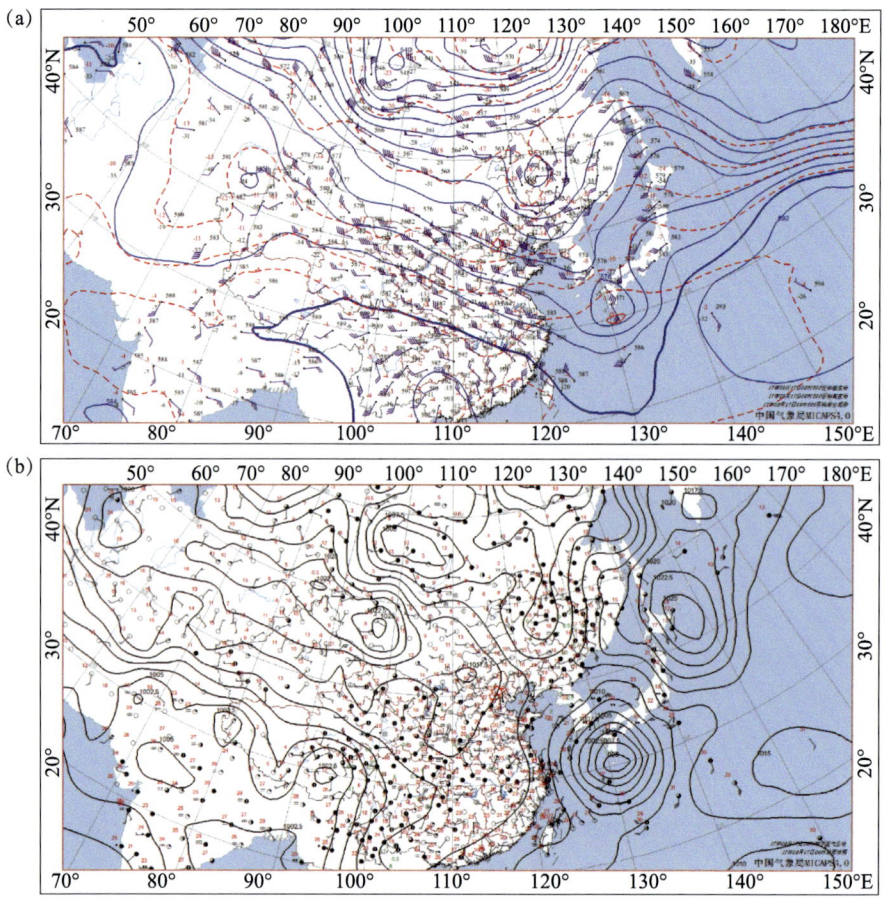

图 4.2 9月17日08时500 hPa形势场(a)和地面场(b)

件风速、湿度都比较适宜,气温明显偏高,加上阳光曝晒,天气较为炎热。因此,此次气象服务主要关注气温对北马的影响。

北马官方数据分析显示,按照3万人参与的马拉松比赛标准计算,对比2016年和2017年,2017年饮用水增加18%,喷淋海绵用水增加300%,医疗喷雾增加20%,盐袋增加50%。

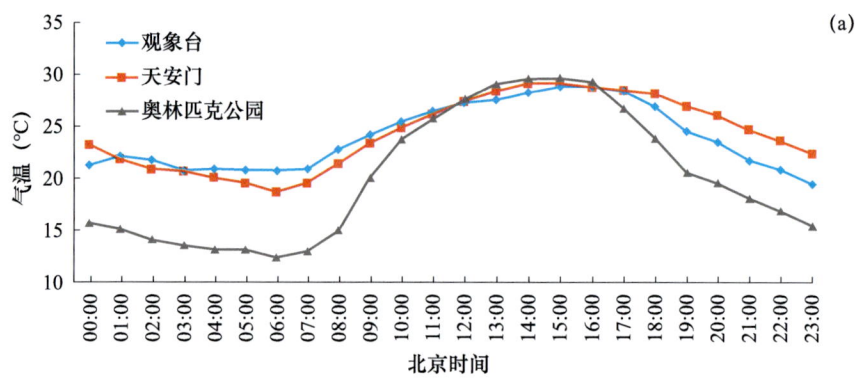

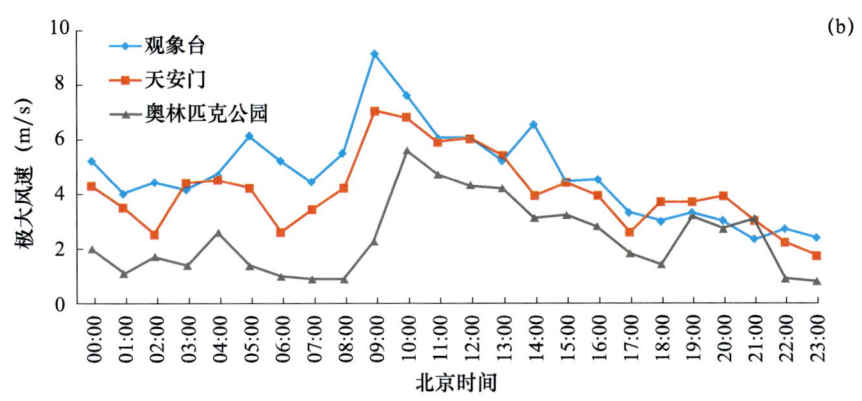

图 4.3　9 月 17 日逐小时气温(a)和极大风速(b)变化情况

4.1.3　气象服务工作回顾

为做好北马赛事气象服务保障工作,北京市气象局提前一个月与组委会对接,了解赛事特点和服务重点,制定了《2017 年北京马拉松活动气象服务工作方案》。针对北马气象服务需求,及时发布气候预测和天气展望、北京地区中/短期天气预报、环境气象和生活气象指数预报、短时临近预报预警,以及高影响天气或灾害性天气服务保障。

(1)公开意见征集

马拉松比赛对气象条件敏感而且具有专业性。为了深入了解运动员真实和有针对性的服务需求,建立融入式服务组织模式,首次面向社会公开邀请 5 位北马参赛选手代表参会,征集北京马拉松气象服务方案意见。参赛选手代表对比赛当天气象要素的精细化提出更高要求,并对雾、霾、高温、风力风向等气象条件对北马的影响及气象信息获取方式等进行研讨,提出了多条有价值的意见和建议。如,针对马拉松运动特点,首次考虑风向与参赛选手跑步方向的关系,在 5 个关键点位调整风向的描述语言,增加体感风向(如顶风和侧风)的描述和预报,发布通俗易懂的气象信息(图 4.4)。赛后北马参赛人员和媒体记者普遍反映,本届气象服务比往届更贴近运动员需求。

(2)分众化服务技术

在直通式调研和需求反馈的基础上,制定差异化、针对性的气象服务策略。按照赛事气象服务受众划分 5 类人群:组委会、运动员、保障部门、媒体和观众,精准分析需求并研究针对性产品及发布策略,相比传统服务只笼统推送服务提示更具靶向性、精准性、及时性,满足了"分众化"的气象服务需求(表 4.2)。

(3)首次组建北马气象跑团

首次组建由气象工作者组成的气象跑团,全程融入马拉松赛场(图 4.5)。跑团成员既有基层气象工作者,也有管理人员。北马比赛过程中,他们既是参赛选手又是现场服务保障人员。气象跑团随身携带的气象观测穿戴设备,成为移动气象观测站,实时监测并回传不同赛道上和参赛选手位置的温、湿、压、紫外线等气象要素实况信息至北马指挥大厅电子屏(图 4.6),实时提供现场气象保障。改变了以往气象保障应急指挥车单点服务的保障模式。不仅为赛事现场指挥提供了决策依据,还积累了赛事期间的天气实况和资料。

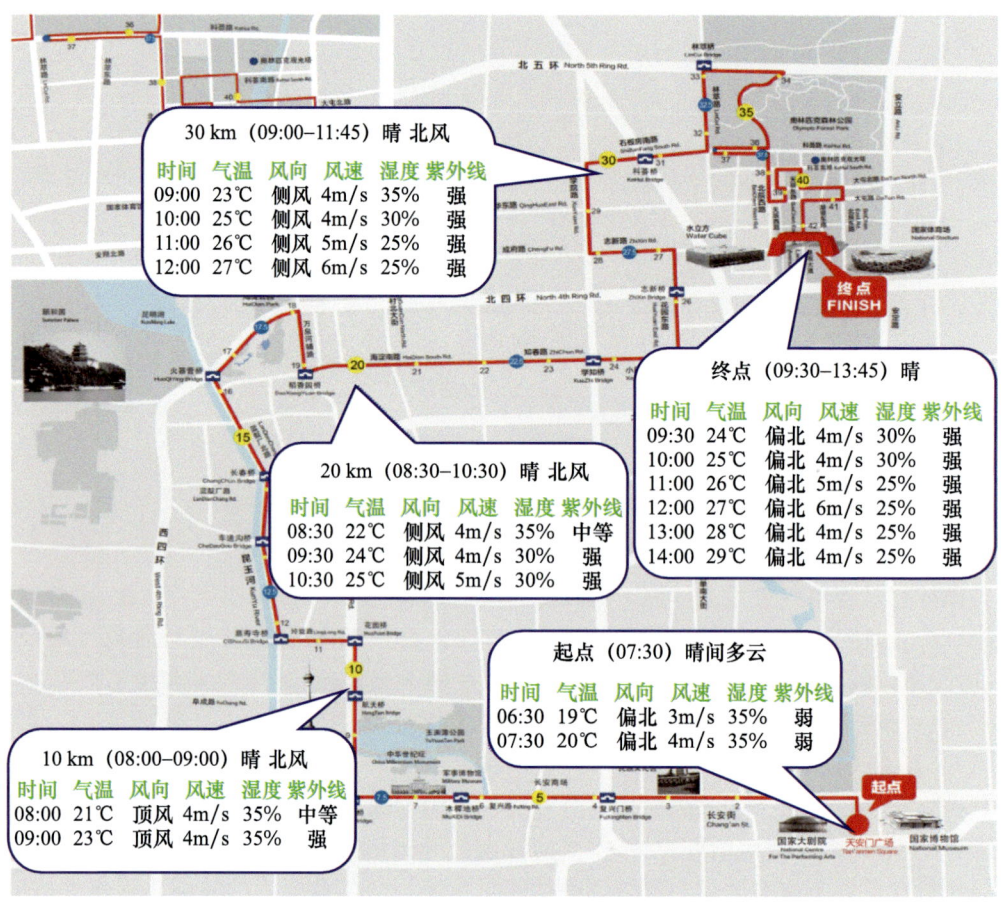

图 4.4 北马沿线预报实时显示 5 个关键点位的逐小时预报

表 4.2 针对不同服务对象的措施与建议

服务对象	措施与建议
组委会	比赛当天天气以晴晒为主,气温较高,赛事中后期气温可达 32 ℃,建议沿途增加喷淋降温设施、赛道冰块和饮水补给
运动员	出发时气温为 19 ℃,建议着装夹衣;开跑一小时后升温明显,紫外线增强,赛期最高气温可达 29 ℃左右,请根据自身情况,及时调整比赛策略,同时注意防晒补水,预防中暑。由于天气晴热,建议增加医疗配备和应急保障人员
保障部门	提醒工作人员自身做好防晒措施,佩戴墨镜、太阳帽等,开跑两小时后气温升至 25~30 ℃,易发中暑
公众	早上气温较凉,建议着装夹衣,中午前后气温较高、紫外线强,适宜穿着短袖类衣物,建议做好防晒补水
媒体	策划晴晒与北马相关主题宣传,关注晴热天气,注意防暑降温

(4)全流程北马服务回顾

赛前筹备:气象部门提前近一个月为组委会和参赛选手提供微信小程序,制作基于位置的 1 km 分辨率 10 min 更新的精细化预报产品。赛前提前一周召开新闻发布会,通过北京电视台、《北京日报》、北京新闻广播、《北京青年报》等各大主流媒体通报北马期间天气情况和相关

图 4.5 气象跑团现身北马赛事现场

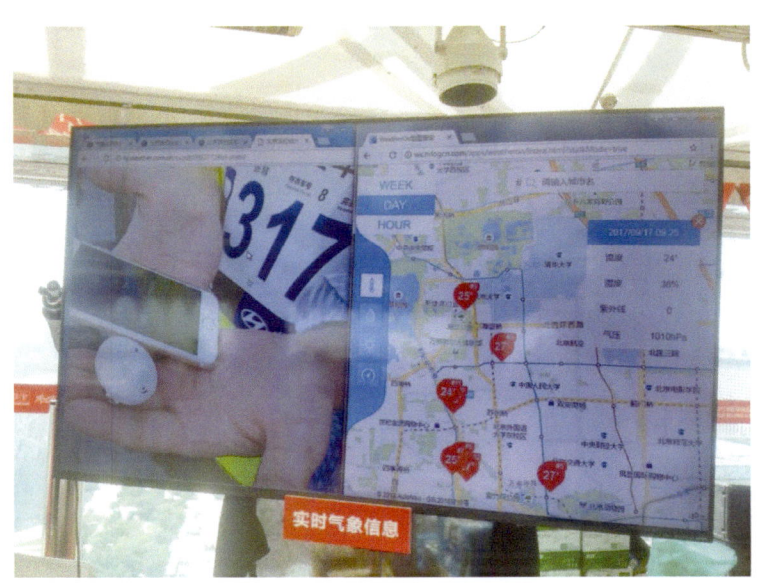

图 4.6 "鸟巢"玲珑塔现场保障显示跑团成员位置及气象信息

服务提示信息。联合中国天气网在赛前及时推出"2017年北京马拉松气象服务专题",为公众提供北京地区精细的7天预报和马拉松相关气象科普信息,以及现场报道资讯,实时解读天气对比赛的影响。9月16日,"气象北京"推送了《北马,我们来了》。利用微博、微信、网站、电视、显示屏、预警塔等全媒体手段和北马官方渠道跟踪传播北马气象预报预警信息。

现场保障:比赛当日(9月17日)07—10时,北马现场指挥中心大屏实时接入沿线天气实况、预报和服务提示,服务现场决策(图4.7)。"气象北京"官方双微滚动发布北马当天天气预报和沿线逐小时精细化预报。在北京电视台《天气预报》《天气联播》《体育气象》《生活气象》等节目中相继播报北马期间天气情况,邀请专家对马拉松天气进行科普解读。"北马"专题通过组委会官方微信向公众推送。"北马"当天天气预报通过组委会官方短信向所有参赛选手、志愿者和服务保障人员发布。北马沿线的复兴门和车道沟预警塔逐小时滚动发布当前位置的天气实况、未来1h天气预报和提示信息,为参赛选手随时调整跑步节奏和保障人员现场保障提供参考。

在排除17日有降雨天气外,特别关注马拉松当天大气扩散条件和风、气温等要素。针对参赛者、组织者制作北马沿线天气预报,并根据参赛选手到达不同点位的时间,提供不同时段5个关键点位的逐小时温度、风向风速、湿度、紫外线强度等要素预报,尤其是考虑风向与参赛选手跑步方向的关系,针对风向提供沿途站点顶风、侧风等信息的提示。

4.1.4 气象服务工作亮点

与往年的北马气象服务相比,在此次气象服务中,现代信息技术手段与全民健身相结合,将智慧气象元素完美融入全过程、全用户、全渠道赛事保障过程中,并首次组织气象跑团亮相北马赛道,打造"气象+互联网+赛事"气象服务新模式,为用户提供分众化气象服务,实现对赛事筹备、参赛、宣传和应急指挥等多方面的服务保障。此次北马气象服务以"六个首次"贯彻了技术创新、机制创新和应用创新的发展理念。

(1)精细化服务产品创新

首次针对北马线路制作沿线天气预报,提供不同时段不同关键点位的逐小时气象要素预报,是历届赛事预报要素最全;首次增加体感风向(如顶风和侧风)的预报服务术语,提醒运动员及时调整跑步策略;首次利用微信小程序,提供基于位置的1km分辨率10分钟更新的定点预报。

(2)个性化服务模式创新

首次邀请参赛选手代表参与完善服务方案,改进服务方式。全媒体融入式传播方式,创新服务手段,利用微信、微博、网站、电视、显示屏、预警塔和北马官方渠道等全媒体手段传播赛事气象服务信息,提高社会影响力,让人人、处处、时时都能享受到"沉浸式"的优质气象服务。

(3)智慧保障模式创新

首次组织"气象跑团"参与赛事及现场服务保障,首次佩戴可穿戴气象观测设备,实时回传赛道沿线的温、湿、压、紫外线等数据到指挥大厅,实时提供现场气象保障,彻底改变以往气象保障车单点服务的保障模式。

4.1.5 气象服务效果

北京市气象局全面调研马拉松赛事气象服务需求,紧密联动赛事组委会(以下简称"组委会"),打破多年传统只简单提供天气预报的服务模式,基于互联网和大数据融入式气象服务技术,创新开展融入式"互联网+气象+体育"保障服务新模式,用智慧气象科技开展北马赛事的筹备、赛中和赛后服务工作,获得市政府、赛事组委会、中国田协、北京市体育局、社会公众和媒体的一致好评,中国气象局领导批示肯定此次北马赛事的服务模式创新工作。中国田协评价此次北马气象服务:"为组委会科学合理配备物资和救援力量提供科学依据";北京市体育局评价:"气象保障服务是不可缺少的,起到非常好的服务效果";《人民日报》、网易、腾讯等媒体广泛报道,社会各界看到了更"接地气"、更具"科技感"的气象服务。时任中国气象局局长刘雅鸣批示:"认真总结经验,创新思维,不断提高气象服务水平。"时任中国气象局副局长矫梅燕指示:"北京市气象局探索创新'气象+互联网+赛事'服务方式,显示了智慧气象的广阔发展空间。请北京市局进一步总结提炼,形成标准化的服务模式,推动构建精细化、个性化智慧气象服务体系。"

4.1.6 小结与讨论

(1)北马期间华北地区主要受低涡底部西北气流影响,北京地区天气晴好;比赛当日气象条件风速、湿度都比较适宜,气温明显偏高,加上阳光曝晒,天气较为炎热。2017年北京马拉松是有史以来天气最热的一次北马赛事,曝晒炎热天气对运动员健康和比赛成绩、组织方筹备应急保障都带来了很大影响。据现场参赛选手反馈,曝晒炎热的天气增加了比赛的难度。早晨19 ℃左右的气温,对赛前准备的运动员和组织者来说体感偏凉。

(2)本届马拉松以互联网环境为基础,以气象科技为支撑,充分利用社会化资源,全媒体融入式矩阵式发布,气象服务信息将智慧气象充分融入到赛事保障过程中,创建了"气象+互联网+赛事"的马拉松气象服务新模式,对日益兴盛的马拉松运动提供了精细化、人性化的服务保障案例。气象预报服务及时、精准、全面,筹备准备充分,在服务产品的内涵和受众影响力等方面都比传统服务显著增强,被跑友们评论为组织最有力的一次北马。

(3)全长42.195 km的马拉松长跑是所有体育运动中最耗费体力的运动,对气象条件十分敏感。鉴于气象条件对马拉松比赛的重要性,不同地区比赛日期的选择需要充分论证当地气象条件的影响。对于北京来说,5—9月容易出现较高温天气、3—4月容易有大风和温差大天气,10月则需要关注雾、霾天气。南方地区更要考量高温、高湿天气对马拉松比赛的影响。

这次北马气象服务,北京市气象局上下进行了创新探索,取得了较好的效果。在今后的气象服务保障工作中,需要认真总结经验,固化服务标准,树立马拉松气象服务新标杆;同时与赛事主办方、承办方进一步加强气象条件与体育赛事的相关性研究,联合开展体育气象服务技术研究,改进气象服务产品,提升体育气象服务的科技内涵和针对性,为今后北马、2022冬奥会以及其他体育赛事提供更细致周到的气象服务。

4.2 全民健身日启动会现场服务

2018年8月8日,全国"全民健身日"活动主会场·北京2022年冬奥会和冬残奥会吉祥物全球征集启动暨北京奥运城市体育文化节开幕式(以下简称"全民健身日")在奥林匹克公园庆典广场举行。活动期间,北京地区经历了一场雷阵雨天气,活动期间持续出现降雨,撤场阶段也出现强降雨。组委会没有采取室内备选方案,天气对活动造成不利影响。现场气象服务人员也经历了一次重要考验。本次活动气象保障,无论是中短期,还是短时临近预报,对降水过程都做出了较准确预报。现场气象服务基本也做到了主动、及时和准确,但对撤场阶段出现的短时强降雨预估不足,出现部分群众躲避不及被雨淋湿的情况。通过完整再现"全民健身日"现场气象服务过程,对现场气象服务的工作机制和流程、预报技术、服务技巧、系统平台支撑、服务人员综合素质等方面进行总结,分析现场气象服务中客观存在的一些不足和问题,思考进一步改进方案,以期不断提升重大活动气象服务水平,为政府及重大活动组织管理提供科学决策支持。

4.2.1 气象保障需求

(1)"全民健身日"活动概况

为满足广大人民群众日益增长的体育需求,为了纪念北京奥运会成功举办,经国务院批准,从 2009 年起每年 8 月 8 日为"全民健身日"。2018 年 8 月 8 日是我国第 10 个"全民健身日"和北京 2008 年奥运会成功举办 10 周年纪念日。根据提前调研主办方,此次活动主会场在奥林匹克公园庆典广场。北京市委、市政府、北京冬奥组委、国家体育总局等单位领导参加,活动将举行广播操、旱地冰球、旱地冰壶等项目展示、比赛和体验,近 5000 人齐聚庆典广场。活动具有规模大、级别较高、影响大等特点。活动流程安排如下:

①08:00—08:20 启动仪式正式开始,北京市领导、北京冬奥组委和国家体育总局领导分别致辞,冬奥冠军代表宣读全民健身倡议书。现场宣布北京 2022 年冬奥会和冬残奥会吉祥物全球征集发布启动后,有放飞风筝等活动环节。

②08:21—08:33 市民广播操展示,旱地冰球、旱地冰壶、冰雪健身操等项目比赛和展示。

③08:33 开始,相关人员进入国家体育场参观奥运城市文化展,参演人员群众逐渐开始撤场。

(2)保障需求及难点

①活动保障需求

本次活动在户外举行,涉及相关体育项目的展示,且人数众多;重点关注活动期间是否会出现降雨、大风等强天气。此次活动保障的两个关键决策点:一是 8 月 6 日 17 时提供的关于 8 日上午的天气预报,组委会将根据天气预报情况,判断是否需要启动应急预案,如果需要,则提前准备布置室内场景;二是 8 日 07:05 组委会通知现场气象保障人员在 07:30 前提供 08:00—08:20 奥林匹克公园地区精确天气预报,届时将根据预报情况最终确定是否启动备选方案。

鉴于当日参与活动人数众多且在户外进行,受天气因素影响较大,为确保活动顺利进行,应组委会要求,活动当天派驻应急气象服务小组在活动现场设立移动应急气象车,进行现场气象服务保障。

②气象保障难点和压力

8 月上旬北京处于主汛期,暴雨、强对流、高温等高影响天气频发,从中短期预报看,8 月 8 日前后华北地区处于副热带高压外围暖湿气流控制,配合高空槽东移影响,北京将有一次明显的雷阵雨天气过程。在这样的天气环流背景下,要精确预报降雨的起止时间、强度,而且时间分辨率要达到分钟级,预报难度非常大。

天气成为活动能否在室外进行的关键因素,活动期间会不会有降雨,雨有多大,会不会影响活动的进行?这些都是现场气象服务人员需要解答的问题,服务压力大。如果出现漏报,即预报没有降雨,或预报量级偏小,活动原计划在室外进行,但出现明显降雨,则将对活动产生不利影响;如果出现空报,即预报有明显降雨但实际没下,此时采用室内备选方案,将减少部分活动环节,减少参演人数,会造成前期室外场地布设、参演人员排练等大量的人力、物力资源浪费,而且演出效果也将大打折扣,组委会对气象服务的满意度将下降。因此,现场气象服务面临巨大的压力。

可能是由于重大活动涉及保密等问题,随着活动的进行,气象部门才逐步获悉活动的具体流程和关键时间节点。前期的保障需求对接过程中,并不清楚采取备选方案的降雨影响阈值是多少,即出现多大的雨强才需要采取备选方案,以及最终确定是否启动备选方案的最晚时间;对于气象部门的精准决策造成影响。

4.2.2 天气情况概述

受边界层快速发展加强的偏东风和高空冷空气共同影响,8月7日夜间至8日上午北京地区出现强降雨天气过程,雨量分布极不均匀。过程累计雨量分布图显示(图4.7),北京部分地区出现暴雨,局地达大暴雨,最大降雨为朝阳黑庄户214.0 mm,该站8日08:00—09:00降雨122.6 mm,这也是2018年汛期最大小时雨强。

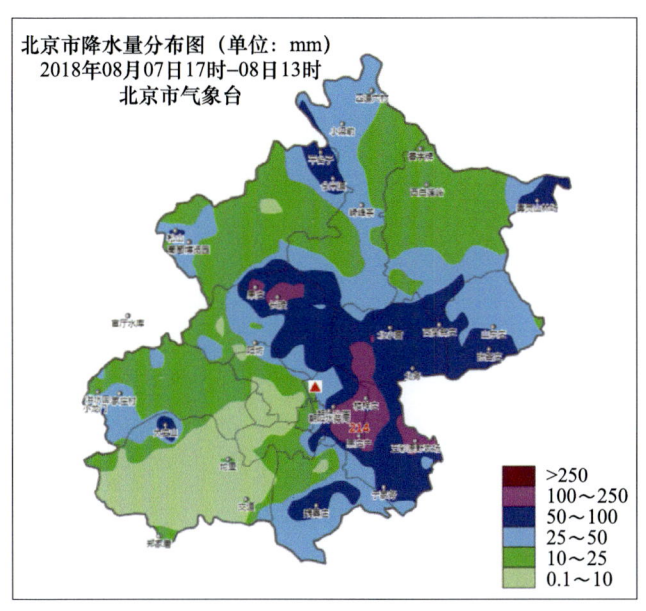

图4.7　8月7日17时至8日13时北京地区累计降水量分布图

活动地点(奥林匹克公园庆典广场)降雨时段主要集中8日07:00—09:00,根据自动气象站与活动地点的地理位置来看,最近的两个自动气象站为奥体中心站和奥林匹克公园站。其中,奥体中心站距离活动地点约600 m,奥林匹克公园站离活动地点约2 km,基本可以代表庆典广场降雨情况(图4.8)。奥体中心站累计降雨量16.0 mm,奥林匹克公园站27.4 mm。

图4.8　"全民健身日"活动地点与周边自动气象站位置示意图

奥林匹克公园和奥体中心两站逐5分钟雨量系列图显示(图4.9),8日07:00前后开始出现有量降雨,07:00—07:20期间5分钟平均雨量在0.3~0.6 mm,单站最大1 mm左右;07:20—08:15期间雨势略有减小,5分钟平均雨量在0.1~0.3 mm,最大0.6 mm;08:15—08:35期间雨势再度加强,5分钟平均雨量在0.3~1.3 mm,单站最大2.5 mm;08:35—08:55期间降雨量突然剧增,5分钟平均雨量2.5~5.5 mm,单站最大9.1 mm,短时阵风4级左右;09:00开始降雨逐渐结束。

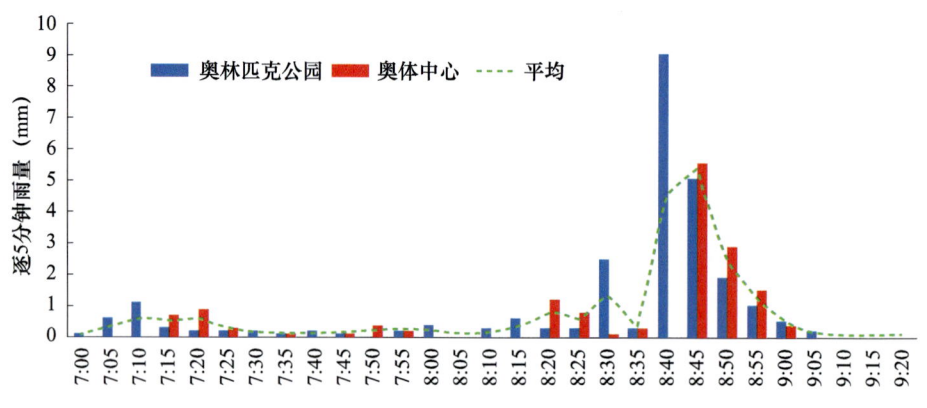

图4.9　8月8日07:00—09:20奥林匹克公园和奥体中心逐5分钟雨量图

4.2.3　天气形势分析

从8月7日20时500 hPa高空图上可以看到(图4.10a),北京地区位于588线副高外围,上游河套地区有一短波槽,7日夜间过境北京。700 hPa位于短波槽前,有偏北风和西南风的风向切变,东北地区有一冷槽,配合低层有一反气旋环流,夜间受高压外围东北路回流弱冷空气影响,偏东风加大,触发了京津冀地区的对流,为低层提供了辐合上升运动条件。另外,由于副高边缘偏南风的水汽输送,水汽条件充沛,7日夜间随着地面转为东南风,露点升至26 ℃左右,温度露点差仅2~3 ℃(图4.10b)。

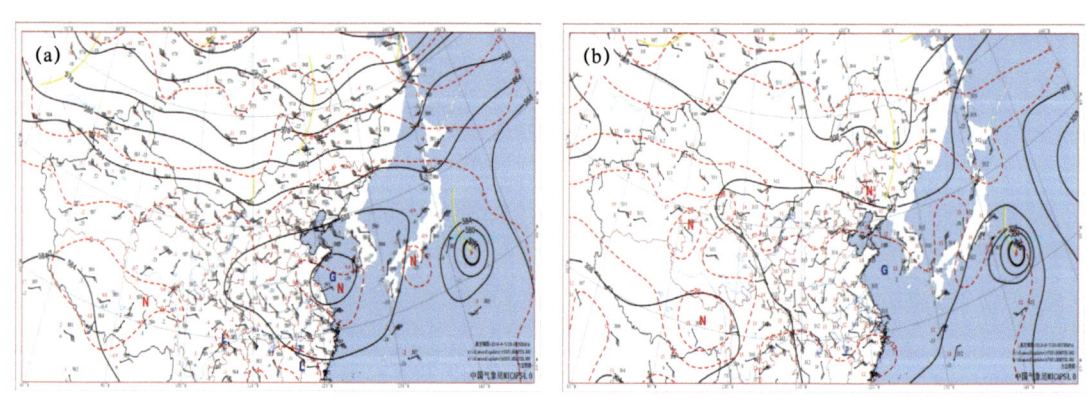

图4.10　2018年8月7日20时500 hPa高空图(a)和700 hPa高空图(b)

从8月7日20时和8日08时探空曲线图看(图4.11),整层不稳定能量条件较好,CAPE值均超过1000 J/kg。低层有一定的风切变,但0 ℃和−20 ℃高度偏高,且中层无干冷空气侵入,对于冰雹和雷暴大风的产生较不利。但整层水汽条件都接近饱和,此层结条件下易出现短时强降水天气。

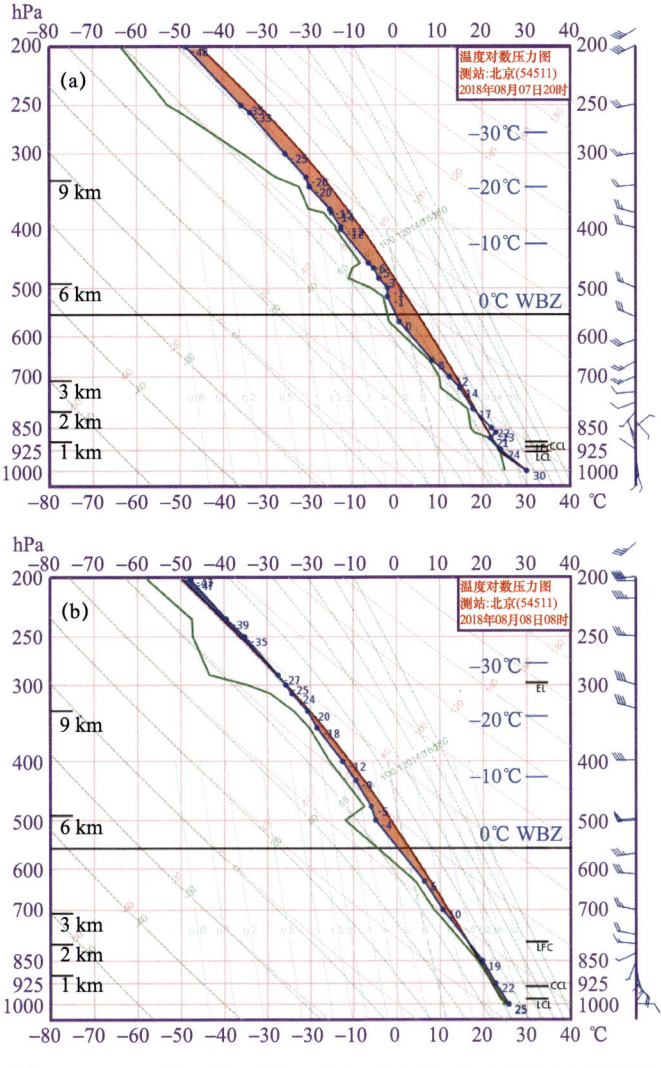

图 4.11 2018 年 8 月 7 日 20 时(a)和 8 日 08 时(b)探空曲线图

4.2.4 数值模式预报

7 日 EC 模式、日本模式和 NCEP 全球模式均预报 7 日夜间至 8 日白天北京地区有一次较明显降雨过程,主要降水时段在 7 日夜间(7 日 20 时至 8 日 08 时),各家模式预报降雨分布略有差异,但总体上北京大部分地区雨量在 10~20 mm,局地超过 50 mm,具有雨量分布不均的特点。针对活动期间奥林匹克公园地区的降雨预报,以 EC 模式为例(图 4.12),7 日 08 时预报 8 日 08—11 时北京地区雨量 1~3 mm,活动地点雨量 1 mm 左右;7 日 20 时预报该时段北京东北部地区有强降雨,雨量 20~35 mm,但活动地点雨量仍在 1 mm 左右。总体来看,虽然全球模式对过程降水量级基本准确把握,但强降水出现时间预报偏早,活动期间降水预报比实况偏弱。

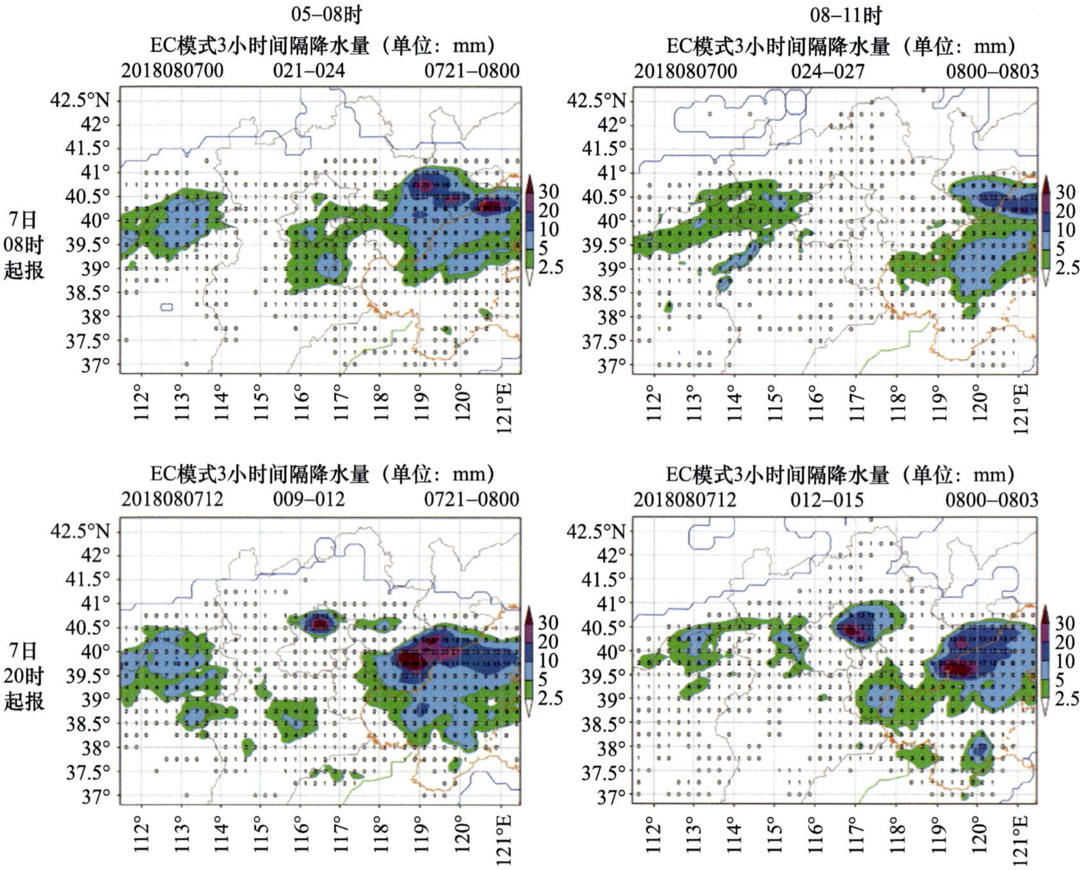

图 4.12 EC 模式不同时次起报的逐 3 小时降水量图

从北京本地中尺度模式"睿图—短期"预报可以看到(图略),8月7日02时预报7日夜间—8日白天北京大部分地区有中到大雨,局地暴雨,但主要降水时段预报在7日夜间,8日08时以后以小雨为主。10分钟更新的"睿图—集成"在短时临近预报也基本反映这种情况(图 4.13),8日08—09时活动期间北京地区以分散性降雨为主,7日23时和8日05时起报活动期间奥林匹克公园基本无降雨,06时预报有较强降雨回波从北部自西向东擦边而过,活动地点刚好位于降雨中心边缘,小时雨强 2~5 mm。

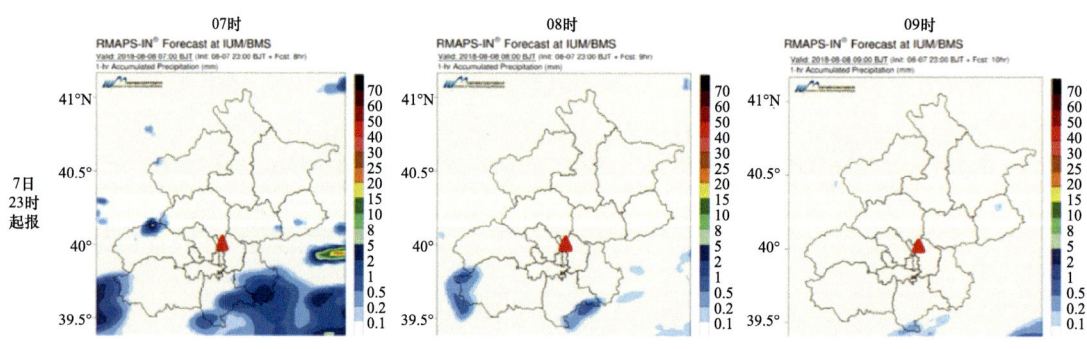

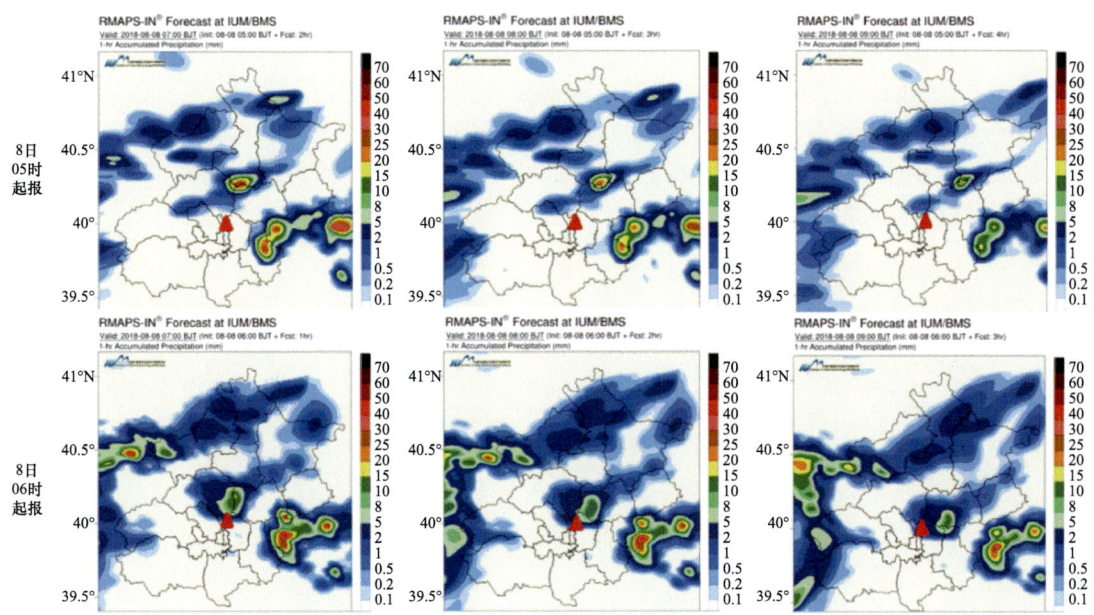

图 4.13 短时临近阶段"睿图-集成"预报活动前后逐小时降水量分布图

4.2.5 气象服务回顾

(1)常规气象服务

北京市气象台基于实况监测、天气形势和模式预报结果分析,并加强与中央气象台及有关单位专家进行了专题会商,从 8 月 6 日开始每天通过微信、传真等方式向"全民健身日"活动组委会和相关负责人滚动发布活动当天至 8 月 8 日白天奥林匹克公园地区天气预报,重点关注 8 月 8 日 08:00—12:00 奥林匹克公园地区降雨、高温,以及大风、冰雹等强对流天气。

6 日发布气象服务专报,预报 8 日 08:00—12:00 奥林匹克公园地区有雷阵雨,并提示 6—8 日奥林匹克公园地区多雷阵雨天气,短时雨强较大,需提前做好防雨准备。

7 日发布 8 日上午奥林匹克公园地区逐 3 小时天气预报,提示 7 日夜间奥林匹克公园地区有中雨,8 日上午有雷阵雨,累积降雨量可达 20~30 mm。

8 日 05 时、06 时滚动发布当天 06:00—12:00 奥林匹克公园地区逐 1 小时天气预报,预报 8 日早晨至上午奥林匹克公园地区有雷阵雨或阵雨,需做好防雨防雷电准备。

(2)现场服务回顾

8 月 7 日,应急气象指挥车提前一天在奥林匹克公园部署到位,并对外接电源、通信设备、观测设备等进行调试,设备运行稳定。8 日早晨,现场气象保障小组成员全部到位,应急气象指挥车运行正常。

①7 日 05:45 现场气象保障小组成员全部到位。7 日夜间北京大部分地区出现阵雨或雷阵雨天气,其中延庆、密云、房山、朝阳和昌平局地达暴雨,但活动现场未出现降雨。现场保障人员就位后,开启现场工作平台,通过 VPN 查看分析自动站、云图、X 波段雷达、睿图等最新气象资料;通过电话与会商室联系,通报现场云量、云高及风向风力情况,讨论奥林匹克公园天气趋势,并将最新的天气预报通过微信发给组委会:06—12 时奥林匹克公园地区有雷阵雨或阵雨。

②06:15 前后开始活动现场出现零星小雨,现场服务人员向组委会汇报:现场开始掉雨

点,预计上午奥林匹克公园地区有阵雨,短时雨强较大。

③06:30 国家体育总局联络员直接到应急车,此后到活动结束一直与现场气象服务人员面对面沟通天气,有任何天气变化直接由该联络员向组委会领导汇报。

④06:40 根据当时现场云观测及 X 波段雷达资料外推分析(图 4.14),判断活动地点西北方位的回波单体在东移过程将与会场擦边而过,30 分钟左右开始给活动现场带来一阵较明显降雨,立即将预报结果向组委会领导汇报。

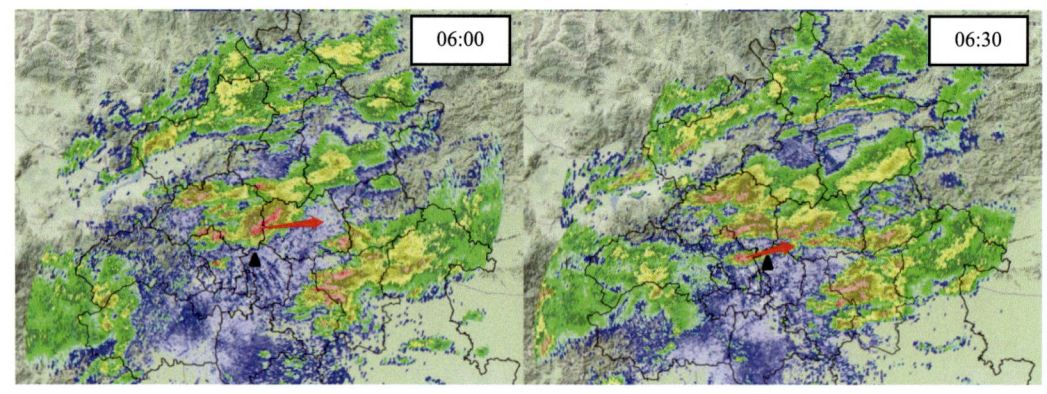

图 4.14 2018 年 8 月 8 日 06:00、06:30 X 波段雷达组合反射率图

⑤07:05 活动现场开始出现阵雨,07:10 前后雨势较大,几分钟后地面全湿。组委会询问降雨将持续多久,并要求在 07:30 前给出 08:00—08:20 奥林匹克公园地区精确预报,组委会要根据天气预报情况确定是否启动备选方案。回复"这阵明显降雨将持续 20~30 分钟,但此后还有降雨,雨量时大时小。"(由于组委会强调 08:00—08:20 的降雨预报,现场服务人员开始重点分析此时间段的降雨趋势,对撤场阶段的降雨影响考虑不周。)

⑥07:10 再次与会商室电话联系,通报新的服务需求。07:15 值班首席给出的意见是当前回波还将影响一个小时左右,08:20 以后还有阵雨。

⑦07:30 活动现场持续有小雨,5 分钟雨量 0.2 mm 左右。从 X 波段雷达分析来看(图 4.15),西部地区不断有回波东移,强度有所加强,预计当前到活动期间降雨将持续。从最新的睿图模式预报看(图 4.16),强降雨中心位置略偏北,活动期间奥林匹克公园地区无强降雨。根据与会商室讨论结果及最新气象资料分析,向组委会汇报"08:00—08:20 奥林匹克公园地区将维持小雨天气,雨势时大时小;08:20 以后仍有降雨"。

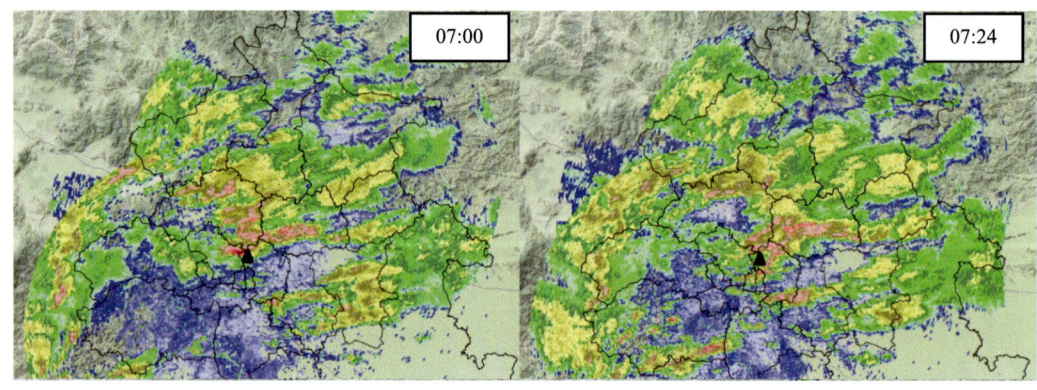

图 4.15 2018 年 8 月 8 日 07:00、07:24 X 波段雷达组合反射率图

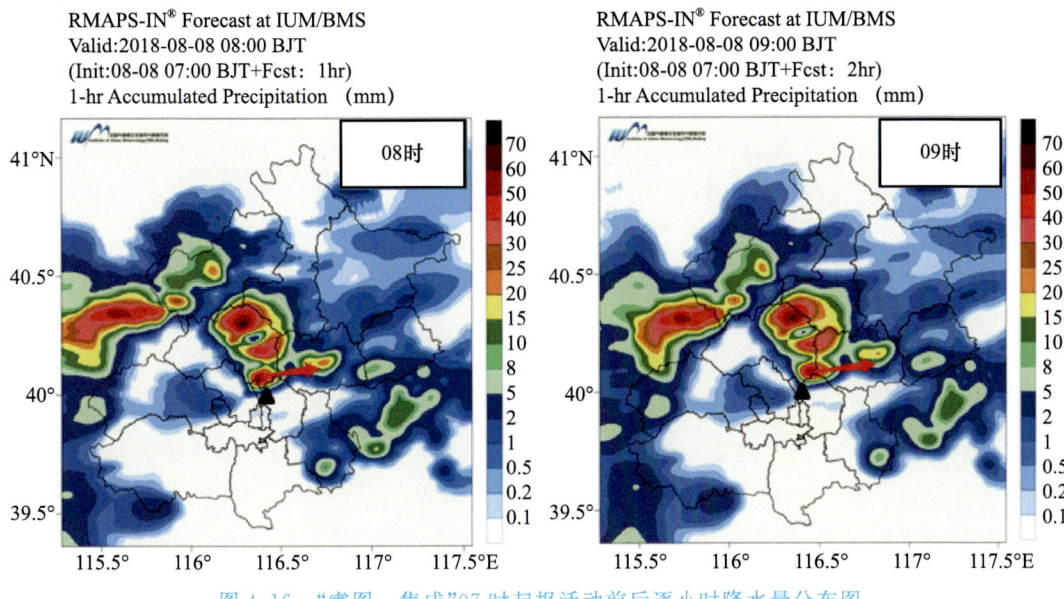

图 4.16 "睿图—集成"07 时起报活动前后逐小时降水量分布图

此时汇报没有提出建议启动室内备选方案,主要有下面几方面考虑:一是 07:30 汇报时活动地点一直下着雨,预报未来降雨持续且不会减弱,只陈述客观预报结论,是否启动备份方案由组委会自己决定。二是没有十足把握 08:00 以后雨势一定会明显加大,如果出现空报将带来一定责任和压力,因为备选方案中,活动将减少一些环节,参演人数也会减少,这样活动效果将大打折扣。三是此时把关注点放在 08:00—08:20 时间段,预计此时间段出现强降雨的可能性较小,没有充分考虑 08:20 以后可能出现较强降雨对撤场的影响。

⑧08:00 活动按原计划在室外举行,现场持续小雨天气,08:00—08:15 期间雨势同 07:30 的降雨相当。由于提前已做好防雨准备,台下领导和大部分群众备有雨衣或雨伞,影响较小;但部分群众方队没备雨具,出现冒雨淋湿的情况,领导致辞期间基本维持小雨天气。

⑨根据 X 波段雷达分析(图 4.17),08:15 之后雨势有所增大,组委会询问未来降雨趋势,告之"目前至活动结束期间降雨较明显,短时雨强可能还会加大"。活动继续进行,但组委会根据天气预报缩短后面群众活动展示时间,准备提前撤场。

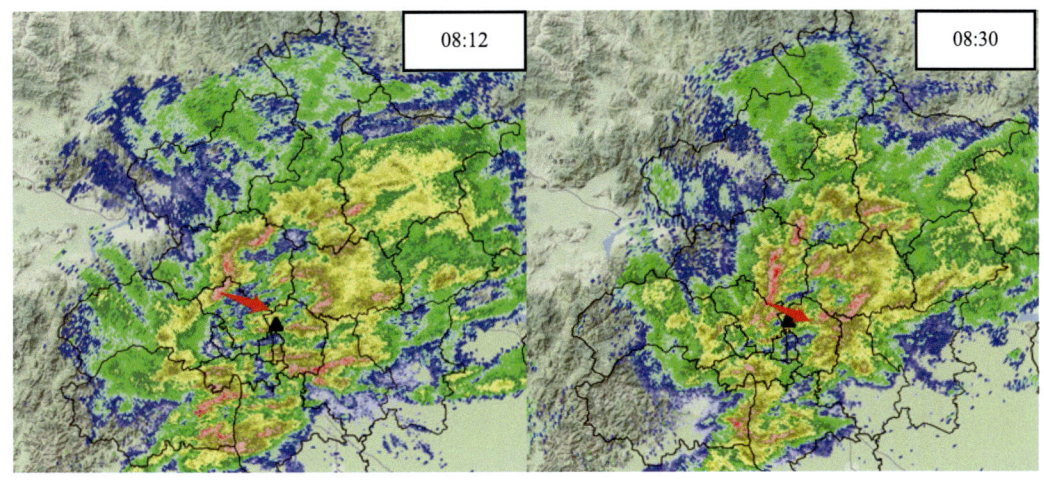

图 4.17 2018 年 8 月 8 日 08:12、08:30 X 波段雷达组合反射率图

⑩08:18 现场气象小组得知马上有放飞风筝的环节,果断建议"活动现场云的高度很低,对流加强,随时有出现雷电的可能,建议取消放飞风筝",组委会接受建议,取消放风筝环节。

⑪08:30 前后致辞结束,此时 X 波段雷达显示,从昌平地区东移的带状回波移速加快,强度增强,将影响活动地区,马上汇报:"奥林匹克公园地区马上将出现雷阵雨,雨势明显加大。"根据气象信息提示,参演群众提前撤场。08:38 左右活动现场出现狂风骤雨,并伴有雷电。正在撤场无备雨衣的群众躲避不及被雨淋透。

⑫08:40 组委会询问雷雨持续情况,告之"强降雨还将持续 20~30 分钟,之后降雨逐渐减弱结束",09:00 前后降雨明显减弱,09:10 降雨结束。

4.2.6 气象服务效果

针对"全民健身日"当天降雨天气过程,北京市气象台加强天气会商,提前两天向组委会发布准确天气预报。特别是 7 日发布的预报中,提示"7 日夜间至 8 日中午奥林匹克公园地区有一次明显降雨天气过程,累积降雨量可达 20~30 mm,请提前做好防雨准备",并在逐 3 小时精细化预报中预测 8 日 08:00—11:00 活动地区有阵雨或雷阵雨,预报结论与实况吻合。8 日现场气象服务组多次向组委会汇报,提示活动期间将持续有降雨,雨势时大时小;07:30 现场汇报"08:00—08:20 奥林匹克公园地区将维持小雨天气,雨量时大时小;08:20 以后仍有降雨",现场服务预报与实况基本一致。组委会根据天气预报为现场电子设备、电视转播等采取了防雨措施,参演群众提前准备雨具。

从现场气象服务整体看来,现场服务小组及后方专家团队根据现场云量、云高、云状变化及各类气象资料分析,基本准确预报了活动关键时段(08:00—08:20)降雨及雨势情况,但由于服务人员对活动流程掌握不周,过度纠结组委会提出的 08:00—08:20 时间段的天气,而对活动后期及撤场期间可能出现的强降雨天气预估不足,没能在 07:30 关键节点建议组委会采用备选方案,造成不利影响,服务策略和技巧仍有提升和改进的空间。不过,组委会根据现场预报及时调整活动流程,缩短群众展示时间,提前撤场。另外,现场气象服务小组向组委会提出取消放飞风筝的建议,避免了出现危害人身安全的风险。活动结束后,组委会对气象服务工作表示肯定,并向北京市气象局发来感谢信,表示现场气象工作小组关于天气情况的准确预报,为活动的决策提供了强有力的支撑。

4.2.7 小结与讨论

总体来说,"全民健身日"活动的气象保障,无论是中短期,还是短时临近对降水过程预报都较为准确。现场气象服务基本也做到主动跟进、及时汇报,但对撤场阶段出现的短时强降雨预估不足,出现部分群众躲避不及被雨淋湿的情况。现场气象服务的工作机制和流程、预报技术、服务技巧、系统平台支撑、服务人员综合素质等方面仍需进一步完善。

(1)充分了解服务需求是做好现场气象服务的前提

每项重大活动由于其性质不同、参与群体不同、举行时间不同等对气象的服务需求也大不相同,比如马拉松比赛关注气温、湿度等,奥运圣火采集关注太阳辐射等。"全民健身日"活动由于前期与组委会沟通中,并不了解现场有放风筝的环节,因此,关注重点主要为降雨,对雷电和风力关注度并不够。可能由于其他原因,组委会并没有提前提供整个活动流程,使得气象保障在时间维度上的针对性有所欠缺。

(2)加强组织协调是保障

"全民健身日"活动保障从组织协调和流程机制等出现的不足和问题主要有以下客观原因：首先，活动期间北京局地出现大暴雨，最大小时雨强超过"7.21"过程，也是2018年汛期的最大值，因此，当天的预报服务还涉及全市防灾减灾气象服务，自然会分散预报服务人员对活动保障的专注度。其次，活动气象服务关键时间段07:00—08:30与全国天气会商的时间重叠，值班首席需要准备全国天气会商发言汇报，对活动现场天气的关注度也会大大降低。第三，现场气象服务小组成员只有一位预报服务人员，在遇到重大天气过程时，要兼顾现场观测、预报分析、与气象台信息沟通、与组委会联络汇报等工作，有点分身乏术。因此，在前期方案制定、流程设置时没有充分考虑可能遇到的困难和问题。

(3)提高预报准确率和精细化水平是基础

准确的预报是给政府和活动组织者提供决策的重要基础，没有准确的预报，服务就没有目的，没有效益，甚至出现负面效益。由于突发灾害性天气不确定因素多，针对小范围地区的定点定时定量预报难度大，目前气象预报服务精细化水平还不能完全满足重大活动对气象服务的多样化需求和高标准要求。北京本地区域模式预报基本把握住几次大雨或暴雨过程的影响时段、量级和落区，但对"全民健身日"活动的定点、定时预报仍存在较大偏差，难以给现场服务人员提供精准的预报支持。因此，仍需坚持不懈地持续发展中小尺度模式预报技术，提高预报预警能力，特别是要加强对局地强对流天气的预报预警能力建设，不断提升精细化预报水平，为有效开展重大活动气象服务奠定基础。

(4)加强影响分析，提供针对性建议是重点

针对不同活动对不同气象要素的敏感性，开展高影响天气的影响预评估，并就对活动可能造成的不利影响提出防御决策建议。由于活动组织方均为非气象专业人员，对量化的气象要素没有直观的感受，因此，在现场服务过程中与组委会人员沟通时应尽量避免专业术语和量化的气象数值，可以进行一些对比分析或者直接描述这种天气现象下会产生什么后果。比如"全民健身日"气象保障中，在决定是否启动备选方案时，可以提示"降雨将持续且雨量时大时小，建议启动备份方案，改在室内进行"，并且以类比的方式给用户直观体验。比如，提示可能出现07:10前后类似较明显的阵雨、在雨中站立两三分钟衬衣可能就会湿透等形象类比。

(5)建设综合决策气象服务平台是支撑

决策服务工作越来越依赖于气象及地理、经济、社会等相关信息，信息综合分析、加工及分发平台对提高决策服务水平和效率发挥着重要作用。目前北京市气象台建设的决策气象服务平台实现重大活动服务专报制作和一键式分发，大大提高了工作效率，但对重大活动现场气象服务支撑有待于加强。决策服务平台建设需充分考虑现场气象服务的功能需求，依托精细化智能网格产品，在重大活动保障模块中直观展现重大活动周边气象实况数据，设置阈值进行灾害天气预警，同时快速生成活动地点及周边的精细化预报产品，为现场气象服务提供方便快捷的业务支撑。

(6)加大决策服务人才培养是核心

现场气象服务已成为重大活动保障的重要服务手段，今后将有更多预报服务人员参与到各类重大活动服务当中。而现场服务常态化运行实施要求中，现场服务保障人员是核心。因此，要加强对年轻预报服务人员的培训，提高现场服务人员的服务能力和水平。培训内容不仅涉及天气预报、现场观云识天气等专业知识，还应包括其他各种能力的培训。如，熟练使用自动气象站、测风仪等硬件设备，熟悉网络设置及各种预报软件工具。另外，

语言沟通能力也很重要,在现场气象服务过程中与服务对象面对面的沟通时,要让对方感觉到自信和专业,给人汇报天气时语言组织能力要强,做到重点突出,等等。因此,这就需要加强对预报人员进行综合、系统的培训,培养出更多优秀的服务人员,以应对以后各种现场气象服务的需要。

4.3 第二届"一带一路"国际合作高峰论坛

2019年4月25—27日,第二届"一带一路"国际合作高峰论坛(以下简称"一带一路"高峰论坛)在北京举行。"一带一路"高峰论坛以"共建'一带一路'、开创美好未来"为主题,由开幕式、领导人圆桌峰会、高级别会议、专题分论坛、企业家大会等系列活动组成,40个国家和国际组织的领导人出席圆桌峰会,是中国政府主办的"一带一路"最高规格的国际合作平台。4月26日,"一带一路"高峰论坛开幕式在北京国家会议中心举行,国家主席出席开幕式并发表主旨演讲;4月27日,在北京怀柔雁栖湖国际会议中心举行圆桌峰会,国家主席主持会议并致开幕词。圆桌峰会闭幕后,相关领导会见中外记者,介绍第二届"一带一路"国际合作高峰论坛圆桌峰会情况和主要成果。

"一带一路"高峰论坛举办期间,北京地区出现两次降雨天气过程,分别在25日夜间和27日白天,对气象保障服务工作带来很大的考验。总的来说,高峰论坛期间的气象服务保障总体效果较好,但是27日白天的降雨天气过程对怀柔雁栖湖圆桌峰会的户外活动影响较大,气象服务与预期效果有所偏差。本节重点分析4月27日的降雨天气过程成因,并回顾气象服务保障过程,查找问题和不足,提出加强重大活动气象保障工作的对策和建议,以期为日后的重大活动气象保障积累经验。

4.3.1 气象保障需求

"一带一路"高峰论坛圆桌峰会于4月27日在怀柔雁栖湖举行(图4.18)。圆桌峰会的会议主要在室内举办,同样关注4月27日降雨、气温、大风等气象条件变化。如,气温较低引起的体感温度过低等,以及圆桌峰会举办期间出现雾、霾天气,也将在国际上造成重要的负面舆情影响。圆桌峰会最为关注的是4月27日中午时段是否会出现降雨,原计划上午的会议结束后,与会领导人和国际组织负责人中午时间可以到室外放松心情,并集体合影活动。因此,期望的好天气是4月27日中午出现蓝天白云,气温适宜、微风。

4.3.2 天气情况概述

(1)降雨落区空间分布

受东移高空槽影响,4月27日白天北京地区出现小雨天气,从逐小时降雨分布看,雨势相对平缓,雨量分布均匀(图4.19)。全市平均降雨量4.4 mm,城区平均3.7 mm,最大降雨出现在平谷北寨14.5 mm。怀柔雁栖湖生态示范站降雨从27日中午12时左右开始,累计降雨量8.7 mm,在高峰论坛圆桌峰会的关键时段(13至15时)降雨一直维持。

第 4 章 典型保障案例

图 4.18 "一带一路"高峰论坛活动保障重要地点位置

(2)气象要素时间演变

从逐 10 分钟降雨量看(图 4.20a),怀柔雁栖湖主要降雨开始时间为 27 日 12 时 20 分,至 17 时 50 分基本结束。圆桌峰会的关键时段(13 至 15 时)均观测到 0.1 mm 以上的有量降雨,其中最大为 1.2 mm,出现在 13:50 至 14:00 和 14:00 至 14:10。怀柔雁栖湖生态示范站 12 时至 18 时逐 10 分钟平均风力极值为 4.1 m/s,保障的关键时段平均风力维持在 1~2 级(图 4.20b)。由于保障期间风力趋于静风,主导风向为偏南风,使得降雨云系自南往北推进的过程异常缓慢,在雁栖湖附近停留时间较长。受降雨影响,怀柔雁栖湖站白天最高气温为 12.6 ℃,出现在 11:31;关键时段气温在 10~12 ℃。因而保障期间气温较低,湿度较大,人体感觉较凉。

4.3.3 环流形势及短临监测

(1)大气环流形势

从 4 月 27 日 08 时形势场可以看到(图 4.21),500 hPa 高空槽呈东北—西南走向,位于山西境内,700 hPa 对应有切变线,已东移至河北西部地区,850 hPa 北京地区受西南风影响,风速为 14 m/s,有较为有利的水汽输送条件。从地面图上可见,河套东部、山西、河北西南部地区已出现明显降雨天气,北京处于高压控制。

(2)探空图分析

从 27 日 08 时探空曲线可以看出(图 4.22),整个中层水汽条件均较差,高低空温差不大,没有明显的对流不稳定能量,近地面为明显的西南风。至 14 时,低层相对湿度明显增加至饱和。

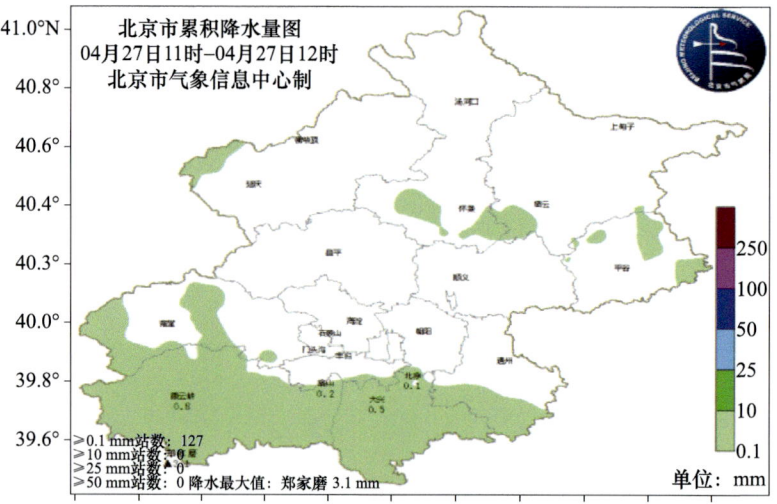

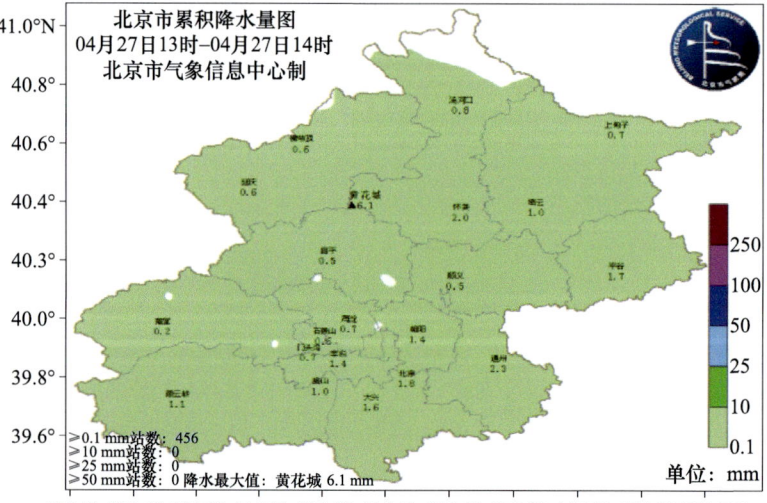

图 4.19　4 月 27 日北京地区逐小时降水实况

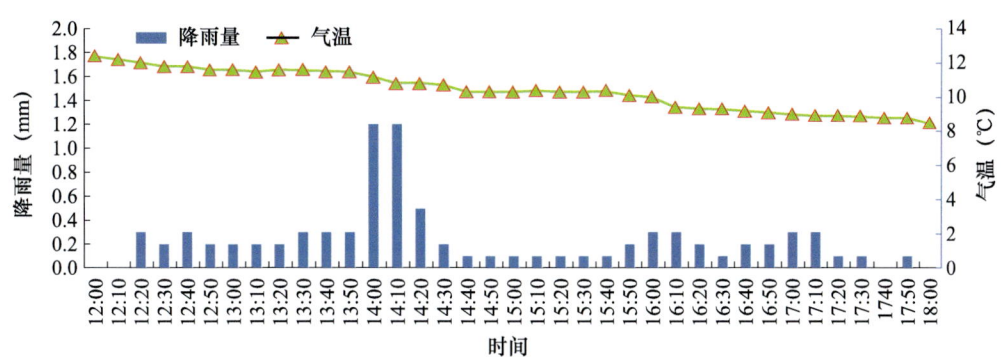

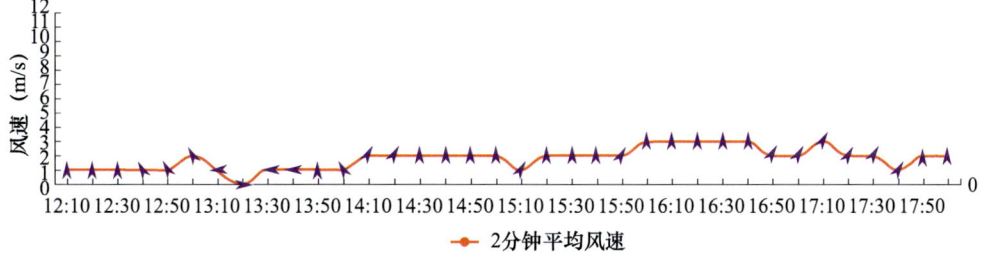

图 4.20　4 月 27 日 12 时至 18 时怀柔雁栖湖逐 10 分钟降雨量、气温和风速变化

(3) 雷达回波演变

短临监测分析表明,4 月 27 日活动当天引导气流为西南风,降雨回波向东北移动,有影响怀柔的可能。雷达回波向北移动过程中,强度在 20~25 dBZ 的回波途经城区时大部分地区均没有出现明显的降雨。但是,越过城区向北推进过程中却逐步形成了有组织的、线状特征的回波(图 4.23)。这可能与偏南风的加强形成了地面辐合线(图 4.24),并在移至怀柔南部时受到地形的作用进一步加强有关。由于降雨过程中天气系统较弱,无论是预报员还是数值模式对系统的位置和移速的精确判断都非常困难。

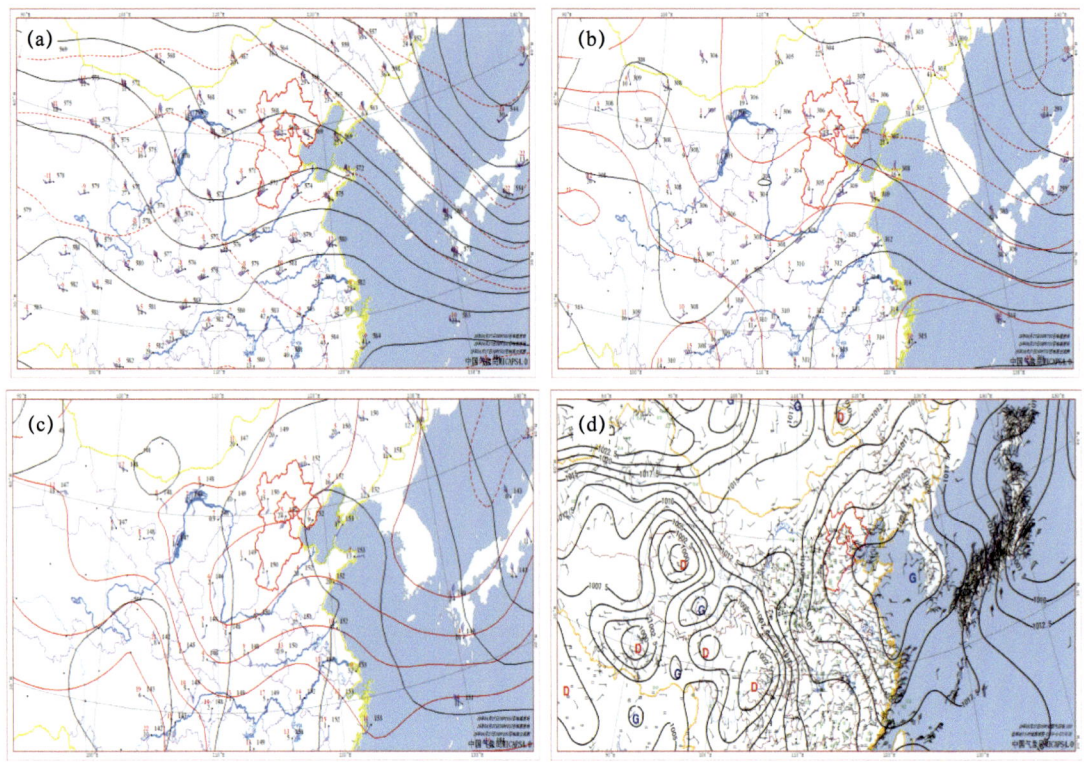

图 4.21　4月27日08时天气形势分析(a. 500 hPa;b. 700 hPa;c. 850 hPa;d. 地面)

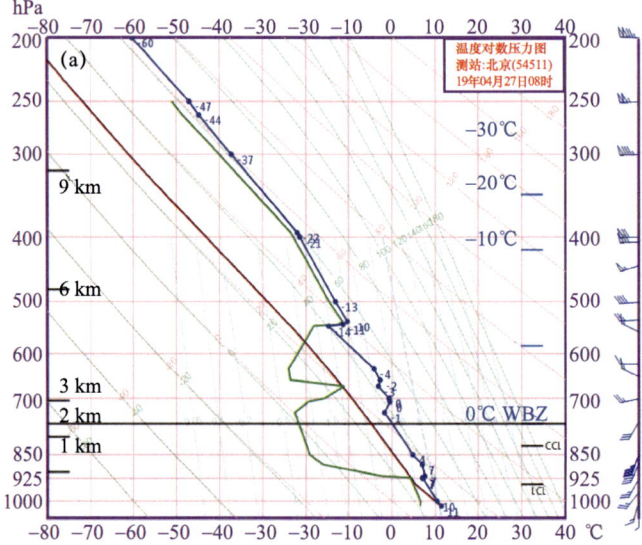

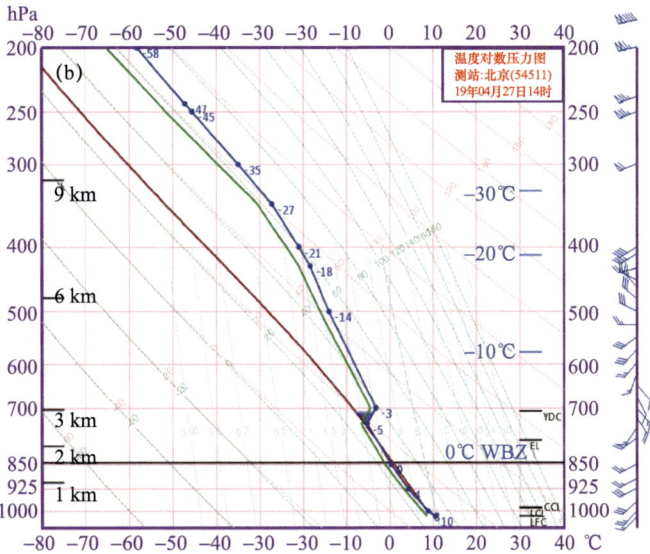

图 4.22 4 月 27 日 08 时(a)和 14 时(b)北京观象台探空图

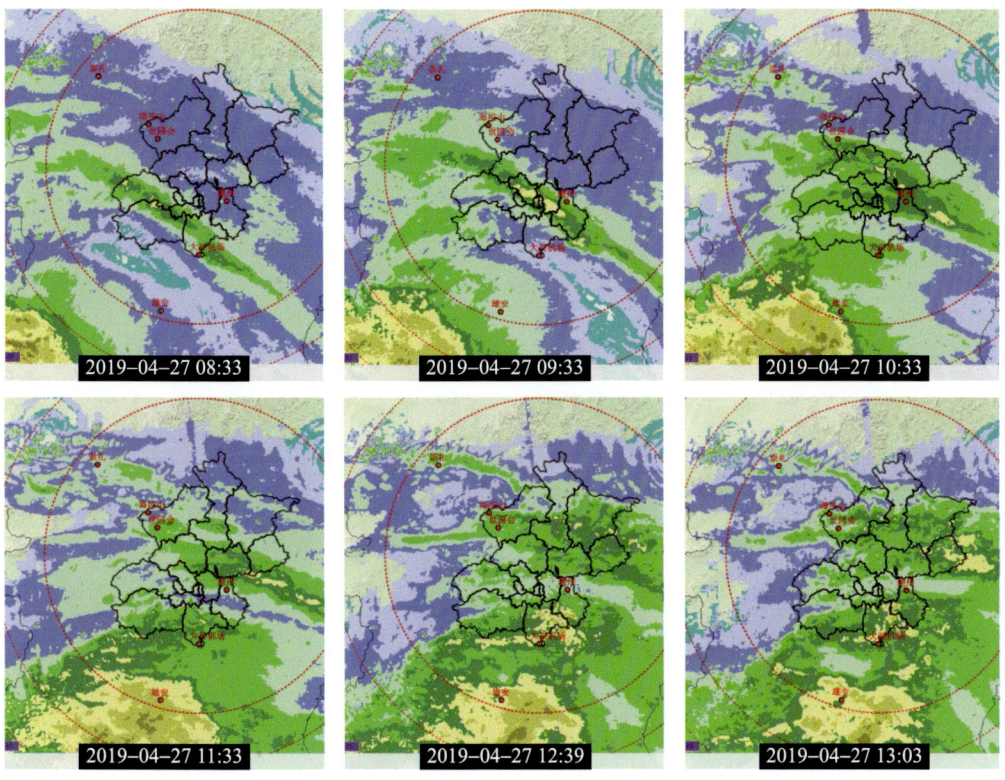

图 4.23 北京地区 4 月 27 日论坛会议期间雷达回波组合反射率图

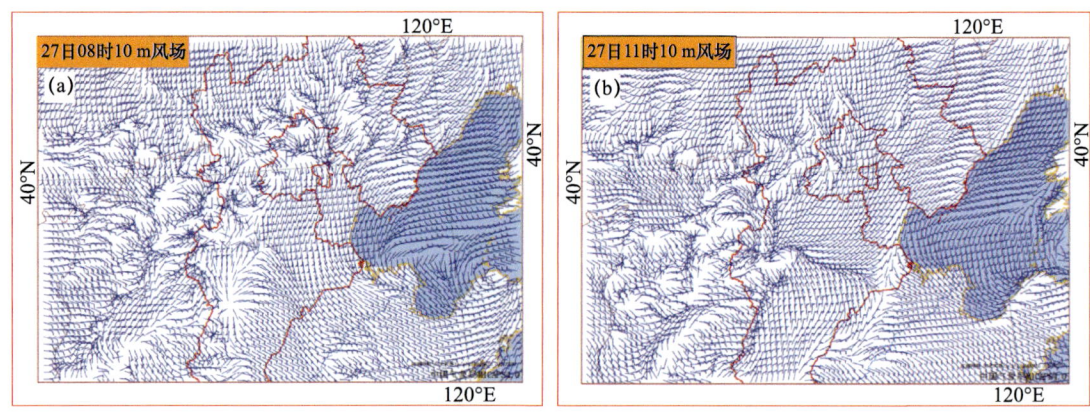

图 4.24　北京地区 4 月 27 日 08 时(a)和 11 时(b)10 m 风场

(4)风廓线资料分析

从观象台 54511 站和怀柔本站当日的风廓线图可见(图 4.25),在当日 10 时前后,2 km 高度附近的西南风有所加强,甚至形成了低空急流,中低层的水汽条件得到明显改善,为此次降水带来更为有利的水汽条件。

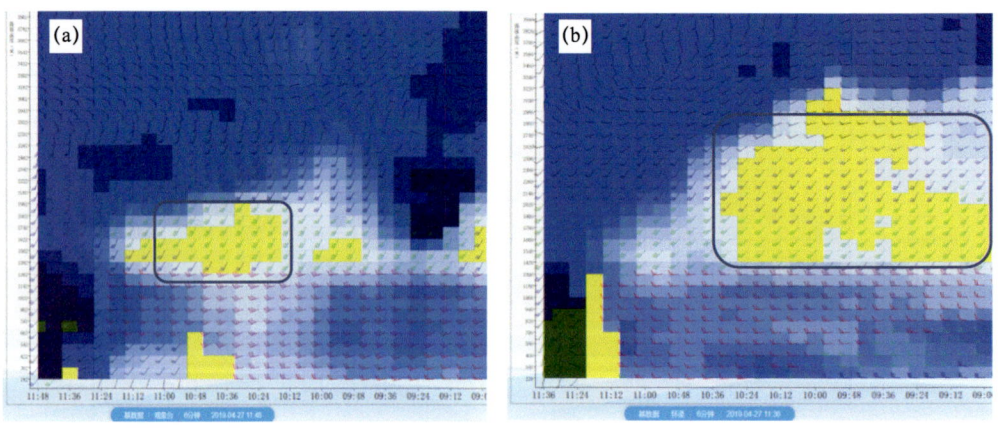

图 4.25　4 月 27 日观象台(a)和怀柔站(b)风廓线图

4.3.4　数值模式预报

(1)全球数值模式预报

自 22 日起,各家数值模式对 27 日当天的降水预报处于不断调整中(图 4.26)。至 25 日,国际上各主流模式,如欧洲中心模式(European Centre for Medium－Range Weather Forecasts,ECMWF)、美国全球预报系统(Global Forecasting System,GFS)、日本模式、以及我国全球/区域通用数值天气预报系统(Global/Regional Assimilation and Prediction Enhanced System,GRAPES)均预报怀柔 27 日白天无降雨、夜间开始南部地区有小雨。26 日开始,ECMWF 模式与其他模式对降水的预报分歧较大,主要体现在其他模式降水量级向弱、落区向南调整的同时,ECMWF 模式预报活动时段怀柔地区有 1 mm 左右的降雨。

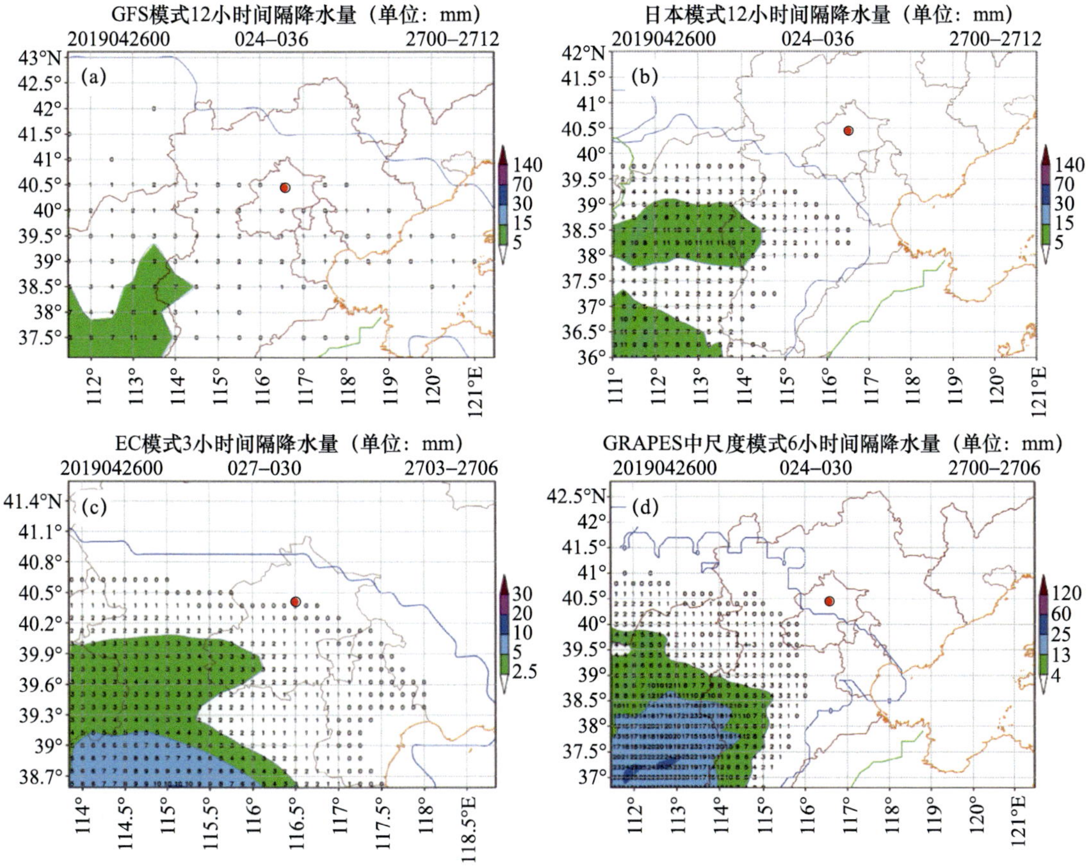

图 4.26 不同模式 26 日 08 时起报的 27 日 11—14 h 降水情况
(a.GFS 模式；b.日本模式；c.EC 模式；d.GRAPES 模式)

26 日 20 时，其他模式均未预报怀柔雁栖湖出现降雨；EC 模式预报降雨落区往北扩展，怀柔雁栖湖出现 1~2 mm 的降雨(图 4.27)。

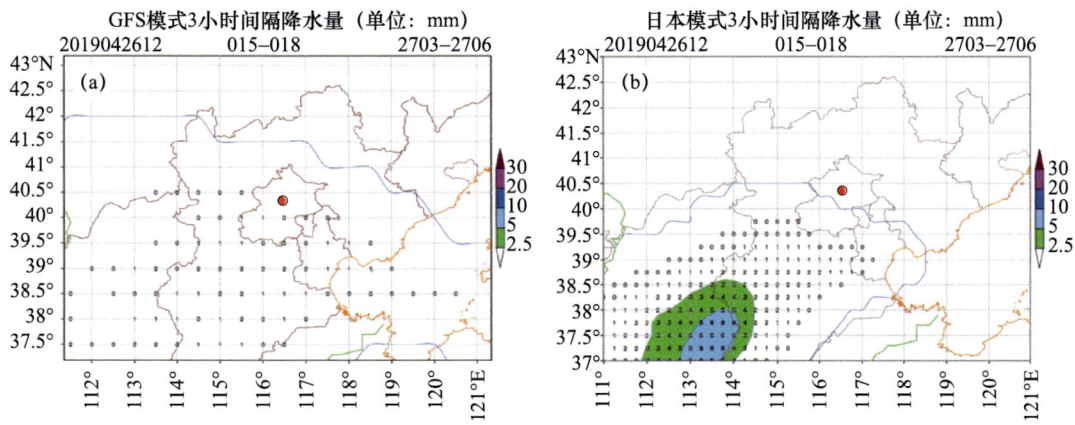

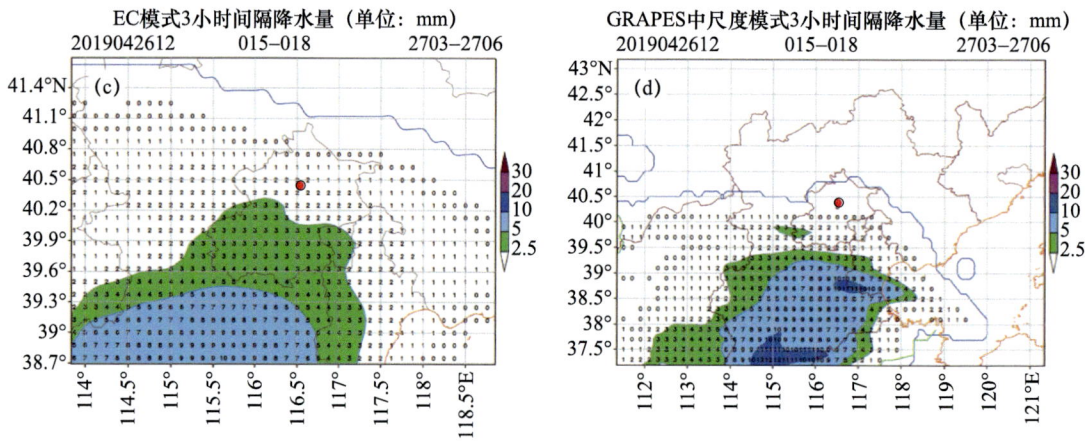

图 4.27　不同模式 26 日 20 时起报的 27 日 11—14 h 降水情况
(a.GFS 模式；b.日本模式；c.EC 模式；d.GRAPES 模式)

(2)区域中尺度模式预报

从北京市气象局睿图区域中尺度模式 26 日 08 时、11 时、14 时、17 时起报结果可以看到(图 4.28)，降水落区往南调整，降水强度也往弱的方向调整。整体上看，26 日睿图模式各时次预报均显示 27 日 14 时前后北京怀柔雁栖湖地区无降雨。

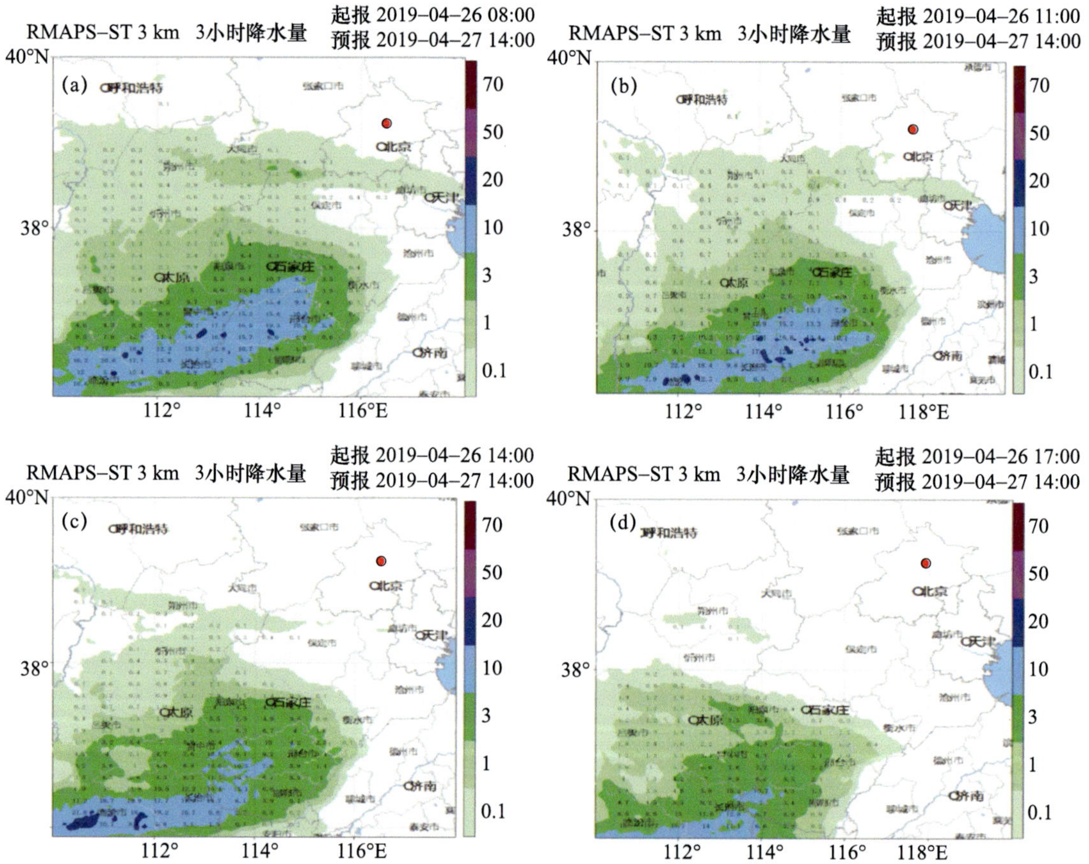

图 4.28　睿图中尺度数值模式 26 日不同起报时次预报 27 日 14 时降雨
(a.26 日 08 时；b.26 日 11 时；c.26 日 14 时；d.26 日 17 时)

27日08时睿图中尺度模式对北京地区的降雨预报出现明显的调整,圆桌峰会关键时段,整个北京地区有明显降水,小时雨量在1 mm左右(图4.29)。尽管降雨量不大,但是对活动影响很大。

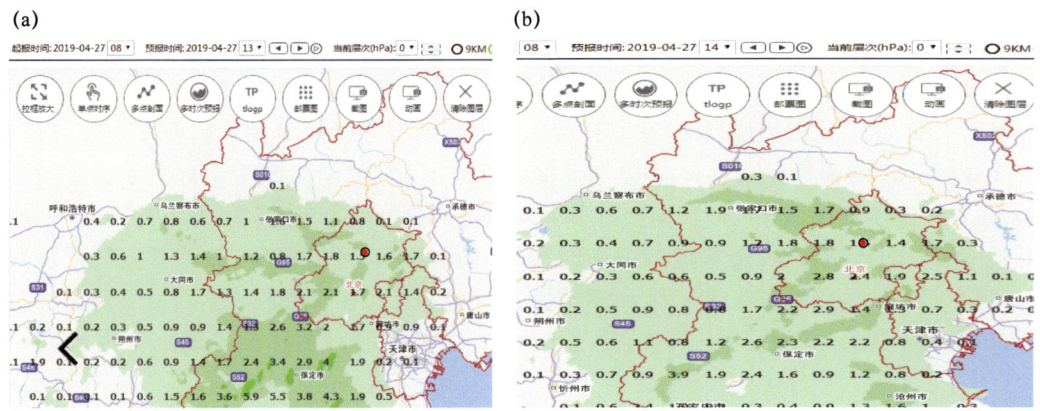

图4.29　睿图中尺度数值模式27日08时起报的27日13时(a)和27日14时(b)降雨

4.3.5　气象服务回顾

(1)气象服务情况

北京市气象局专门成立领导小组,统筹部署高峰论坛期间各项气象工作;提前组织开展气候风险评估,对"一带一路"国际合作高峰论坛举办期间天气开展预测。"一带一路"高峰论坛期间气象服务保障大致可以分三个阶段(图4.30):第一阶段为中期专项服务,19日开始市气象台为"一带一路"高峰论坛提供专项气象服务,包括北京地区的天气预报、空气质量预报和生活气象提示,以及活动关键地点、关键时段的预报和相关提示。第二阶段为天气专题大会商阶段,22日至26日市气象台除了参加每天的全国天气会商发言外,分别在22日和25日组织了两次联合大会商,考虑到天气系统的演变及降雨对活动影响的风险,26日下午发布的怀柔雁栖湖气象服务专报对27日14时至傍晚逐小时的预报调整为小阵雨。第三阶段为短临监测阶段,27日07时开始北京市气象台逐小时发布怀柔雁栖湖地区的精细化预报服务产品,在11:30加密发布的服务产品中将预报降雨出现的时间提前至12时。

图4.30　"一带一路"高峰论坛气象服务保障时间进度

"一带一路"高峰论坛气象保障期间,北京市气象台保持与中央气象台的联动会商,特别是27日活动保障当天开展实时会商联动,共组织天气专题会商34次,发布相关气象服务专报50余期。同时,怀柔区气象局也及时为区委、区政府及区属相关保障单位提供气象信息服务。

(2)保障策略分析

前期的分析表明,27日影响北京地区的天气系统整体偏弱,怀柔雁栖湖户外活动期间是否出现降雨具有不确定性,只有降雨在时间和空间上的高度契合才有可能对户外活动造成影响。保障前期,从系统的强度、移动速度和移动方向判断对活动地点的影响概率不高,所以预报了无降雨。27日活动保障当天,回波往北推进过程中途经之处大部分地区只是出现短时零星小雨,对于回波推进至怀柔雁栖湖附近加强并维持的判断有所偏差,使得主办方在活动的最后时刻采用室内备用方案,服务效果未达到预期。从表4.3可以看到,弱降雨天气系统背景下,采用不同的气象服务策略效果不尽相同,预报有雨或者无雨都面临着风险。最优服务策略的选择,取决于重大活动保障的需求、出现天气的概率、主办方的预期等多方面因素的综合考虑。

表4.3 弱降雨天气系统背景下不同的预报服务策略效果分析

预报	实况	举办地点	效果分析
有雨	有雨	室内	预报准确,活动效果不如预期,仍有心理落差
	无雨	户外	预报有偏差,天气好于预期,满意度仍较高
无雨	有雨	户外	活动进行中出现降雨,受到明显影响,满意度很低
		室内	采用备用方案,临时调整到室内,满意度较低
	无雨	户外	预报准确,活动效果未受影响,满意度非常高

(3)存在问题

活动保障期间,北京市气象台密切监视天气变化,除了关注降雨天气外,及时对气温等要素进行了调整。预报内容和频次随着时间的推进也在不断细化,有效地与重大活动保障工作组互联互动,整体工作效果良好。但是,也反映了重大活动气象保障工作仍存在一些薄弱环节。

一是预报预测水平未能完全满足保障需求。预报预测准确率是重大活动气象服务保障的关键。尽管随着数值预报技术、现代化探测技术的广泛应用和计算条件的不断改善,预报能力也有了很大程度的提高,但在预报的定时、定点、定量和精细化方面仍然不能满足日益增长的气象服务保障要求,特别是弱天气系统背景下的预报准确率问题。

二是应急指挥车观测未达到预期效果。活动保障当天,应急指挥车距离活动现场2~3 km,车载观测与活动现场的实际情况有较大的偏差,预报员应用现场实况订正预报结论的效果受到很大影响。特别是风力的预报和实况偏差较大,使得预报员在预判天气系统的移动速度和影响时间上都有影响。

三是现场保障与后方未能开展直接的、全方位的会商。现场人员与后方预报员相对熟悉,就会了解对方对天气的理解和把握,即使天气出现明显变化也可以在结论上很快达成一致。27日上午11时左右应急车反馈出现零星掉点,但回波特别弱,附近的观测站也没有雨情的描述,使得后方预报员非常被动,特别希望与现场保障的人员会商研讨,获得现场的真实体验及各类气象信息的描述。在现场人员一再强调降雨的密集程度时才调整结论,无论是降雨出现时间还是降雨量级的调整都相对滞后。

四是对外发布的一致性存在问题。根据要求,"一带一路"高峰论坛保障期间北京市气象台和怀柔区气象局分别向对应的组织和保障部门提供气象信息。由于信息提供时间不同,发布频次不一致,高时间频次的产品制作发布情况下,导致信息反馈不及时,市、区两级沟通不及时,预报未能同步调整,出现了气象服务信息不一致的情况。

五是天气与主办方期望落差较大。前期预报27日活动当天怀柔雁栖湖以多云天气为主,对于关键时段(13至15时)户外活动的筹备工作主要以无雨来准备。尽管26日下午的预报已经调整为午后到傍晚有小阵雨,主办方对于活动的关键时段出现短时的多云或阴天的天气抱有很大的期望,直至户外活动最后一刻才决定转至室内,难免会形成很大的心理落差。

4.3.6 小结与讨论

精准的气象信息对于重大活动的举办至关重要,利用传统的气象服务理念开展重大活动气象服务保障,已经远远不能满足组委会决策者的需求。一方面,春季天气形势变化相对较快,重大活动保障期间需要考虑季节特点,充分考虑天气系统提前或者滞后的可能性;另一方,天气形势发生明显变化时,重大活动关键时段的天气也可能会发生质的变化,预报员能否顶住压力,推翻自己原有的预报思路进行较大的调整,这些都是值得商榷的。近年来,我国重大活动气象保障任务越来越多,需要不断总结保障经验,创新气象服务策略,才能最大化地降低气象条件对重大活动举办的影响。

(1)加强模式的综合研判和应用实况订正的能力

现阶段,数值预报仍是天气预报的基础,预报员可以依靠但不依赖于模式预报。此次保障过程中,前期多数主流模式均未预报出活动的关键时段出现降水;尽管个别模式预报有雨,但是又对降水量级和落区频繁调整、摆动较大,使得预报员对降水的精准判断困难重重,更是凸显出预报员对模式结果订正的重要性。下一步,需要加强对不同模式预报性能的评估分析,研究不同天气系统下各模式预报的优缺点,积累模式应用经验,形成有效的预报指标和订正方法,进一步培养预报员应用实况资料订正数值模式预报和多模式综合研判的能力。

(2)加强重大活动保障气象服务策略研究

天气预报准确率短时间内难以大幅度提升的前提下,气象服务策略的研究和应用显得尤为重要。特别是弱天气系统背景下,当活动举办时间处于天气出现时间的边缘,或者活动地点处于天气系统的边缘,天气影响存在着"有"和"无"之间截然相反的变化,主办方往往面临着户外或者室内方案的两难抉择。当主办方对于好天气抱有很大的期望时,更需要气象部门对天气的精准研判。在预报不确定性的前提下采用合理的服务策略,包括注意预报内容的精细化程度、维持预报结论的稳定性、注意决策用户的心理预期等,把握好气象服务的节奏,最大化降低风险,保障重大活动的效果。

(3)加强协同,充分体现"集中指挥,分散保障"的思想

重大活动保障任务是由多个部门共同完成的一项任务,气象部门可能需要同时为组委会、各级政府部门以及各行业保障单位提供气象信息,任何一个环节的失误都会导致整个任务的无法完成。因此,在制定气象保障方案时,要明确各级气象部门的任务、责任、要求、协同规定等环节,细化和完善沟通机制和服务保障流程。加强天气会商制度,确保中央气象台、省(市)、区(县)各级气象部门协调一致,实现上下级以一个统一的预报结论对外发布,充分体现气象保障"一盘棋"的思想。

(4)建立重大活动专家服务团队全程保障机制

针对顶级的重大活动气象保障,专门组建专家服务团队,从活动保障开始至结束。专家服务团队成员在开展气象服务过程需要了解环流形势的演变、极端天气的风险、重大活动保障的需求、前期采取的服务策略等。持续对天气的关注及全程的跟踪思考,就可以掌握整个过程气象服务的节奏。特别是在天气形势发生转折性变化时,如何妥善处理好预报结论和服务时机的衔接问题,在关键的时间节点有策略地把气象信息反馈给主办方。基于天气预报的不确定性和活动的承载力,完成每一次关键节点气象信息的制作和发布。

(5)加大综合型决策气象服务人员的培养力度

重大活动气象保障对预报服务工作提出了极大的挑战,综合型决策气象服务人员的培养体现了以人为本的科学发展观。首先,决策气象服务人员需要具备气象背景知识,对天气预报具有一定的解读能力。其次,需要掌握一定的服务技巧,了解服务的需求,把握服务的时机,以及活动对不同气象要素的承载力和用户的预期等。最后,需要良好的沟通和表达能力,可以把复杂的天气用通俗的语言反馈给服务用户。因此,需要对预报人员进行综合、系统的培训,培养出更多优秀的服务人员,以应对日后更多的重大活动保障的需要。

(6)加强大型活动气象服务规范和标准化建设

目前,我国重大活动气象保障的研究和探索多立足于某个特定的大型活动保障经验总结,大型活动保障的标准和规范仍有待于进一步完善。现场保障是最直接、最快捷的沟通方式,现场保障的重要性也越来越突出,包括气象应急车的各项规范,现场服务人员与后方专家支撑团队的沟通渠道、联动机制等仍需进一步探索。比如,此次保障气象应急车距离活动举办地点的距离是否满足现场保障规范的问题等。气象部门需要进一步总结大型活动气象服务保障经验,明确气象部门在大型活动中可以提供什么样的服务,以及开展各项服务需要具备的具体条件和要求,积极探索大型活动气象保障常态化运行工作机制。

4.4 中国(北京)世界园艺博览会开幕式

2019年中国(北京)世界园艺博览会(以下简称"世园会")于4月29日至10月07日在北京延庆举行,是中国政府主办、北京市承办的最高级别A1类世界园艺博览会。世园会会址位于北京市延庆区妫河岸边,距八达岭长城10 km,称为"长城脚下的世界园艺博览会"。园区规划用地总面积约960 hm^2,其中围栏区面积约488 hm^2(核心展示区约160 hm^2),非围栏区用地面积约472 hm^2。本届世园会历时162天,跨越春、夏、秋三季,天气复杂多变,强降水、雷电、大风、高温、雾、霾等灾害性天气多发。加上参观人数多,活动以户外活动为主,包括4月28日开幕式、4月29日开园仪式、6月7日中国馆日、10月7日闭幕式、以及各个国家的主题日等关键时间节点都需要精准的气象信息,园艺花卉也对气象服务提出特殊需求。

众多关键节点中,世园会开幕式是世园会最为重要的组成部分,社会关注度高、受天气因素影响大。受高空槽的影响,2019年4月28日世园会开幕式期间北京地区出现了一次弱降水天气过程,对世园会开幕式造成一定的影响。影响世园会开幕式的天气过程动力条件较弱,各数值模式对降雨过程的预报总体均有所反应,但在降雨出现的时间和范围上未表现出明显的优势。利用风云卫星、地面自动站、云雷达等多种高分辨率探测资料,结合模式预报的细致分析,进而研判降水系统短时的发展变化,将天气影响的风险预报服务与应对预案相结合,通过采取一定的气象服务策略,可以有效弥补预报的不足,更好地发挥气象服务效益。本节分析了世园会开幕式期间弱强度、高影响降雨天气过程,取得很好的服务效果,受到了组委会的表彰。世园会气象保障得到了中国气象局、北京市委市政府、世园会组委会及相关保障单位的肯定和赞扬。

4.4.1 开幕式保障需求及难点

(1)开幕式保障要求

世园会开幕式于4月28日20:00至21:30在世园会园区的演艺广场举行。世园会园区位于北京的西北方向,距离中心城区74 km(图4.31)。根据前期与世园会指挥部的需求对接,世园会开幕式期间除了交通出行等城市安全运行气象保障外,文艺演出和演出期间的烟花燃放对降水、风力、风向、气温、能见度等气象条件极为敏感,精细化要求极高,是气象保障服务的关键所在。

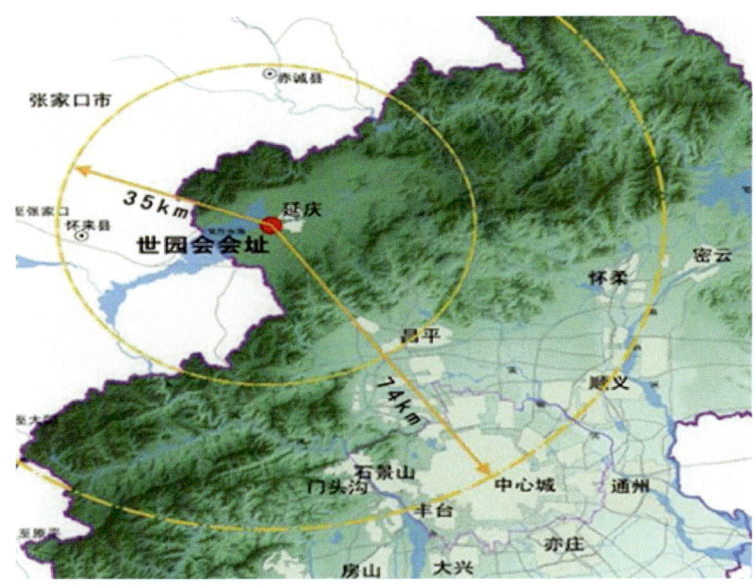

图4.31 2019年中国北京世界园艺博览会具体地理位置图

文艺演出:世园会的文艺演出是在室外举行,场景的布置、观众观演等都对气象条件极其敏感,零星小雨均有可能造成重大影响。文艺演出场景涉及高空搭建物及多个高空表演项目,对于风力、风向的要求极高。此外,气温太低可能导致的风寒效应,以及能见度太差引起的观感下降都对文艺演出效果产生影响。如果前期预报气象条件适宜室外演出,而后期预报改为不适宜室外演出,不仅会造成会场布置人力和物力的浪费,而且因演出转场问题,将会对整个开幕式流程的有序安排造成明显影响。如果预报气象条件适宜室外演出,而实况出现不利的气象条件,不仅将影响现场演出效果,甚至影响到整个开幕式活动的圆满成功。如果预报气象条件不适宜室外演出,改为室内演出,而实况又出现了有利于室外演出的气象条件,将会让全世界错失开幕式最精彩的演出。文艺演出方面期望的好天气是无降雨、静风或微风、气温适宜和能见度10 km以上。组委会甚至提出,若预报开幕式后半段出现降雨将启动应急预案,考虑把最为精彩的节目往前调整。这就要求气象部门提供高时空分辨率(空间百米级、时间分钟级)的定点、定时、定量的精准预报服务。

烟花燃放:组委会在演出现场专门成立了焰火指挥部,统筹各项保障工作。作为开幕式最为精彩的看点之一,烟花燃放对降水、风力、风向等气象条件极为敏感。根据国际规定,烟花燃放时风力在3级、4级最为适宜,风力大于6级时停止燃放。图4.32可以看到,演艺广场位于烟花燃放地的东北方位,最不利的风向为西南风,风向东南、东、北风均较为适宜燃放。风力太小甚至静风,烟花燃放所产生的污染物无法及时扩散。因此,文艺演出一旦确定在户外举行,对于烟花燃放来说,"微风无雨"是最佳气象条件。燃放过程出现2 mm以上小时雨强的降水,燃放烟花时出现5级及以上风力或者风向为偏南风或者静风,都不利于烟花燃放,文艺演出效果将受极大影响。因此,烟火指挥部保障期望的好天气是微风无雨,风力小于5级,风向东南、东、北风均较为适宜。

预报提前量:由于演出活动准备、转场和启动应急措施都需要做大量的基础准备工作,包括场景布设、道具更换、人员转移,以及安保措施等。因此,决策机构需要提前做出是否在室外演出的决定,需要气象部门至少提前6小时提供气象精准决策信息。同时,由于各项活动议程安排都精确到分钟级,在临近演出和演出期间,有任何新的天气动向,都要求连续、滚动、实时提供气象预报和实况服务,对预报服务的时效要求非常高。随着开幕式文艺演出和烟花燃放等准备工作的就绪,天气逐步成为开幕式能否在室外进行的唯一决定性因素,也是最不确定的因素。

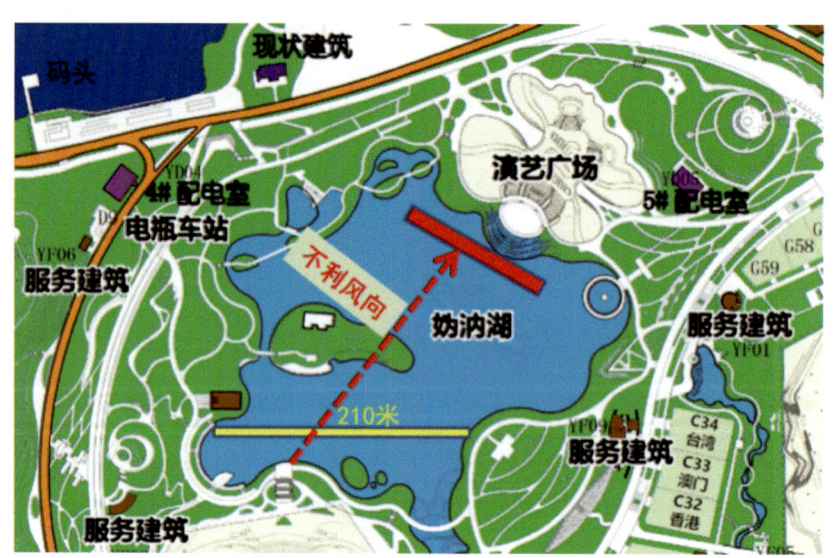

图4.32 世园会开幕式举办地园区分布图(红色方条为烟花燃放地)

(2)气象保障难点

随着世园会开幕式文艺演出和烟花燃放等准备工作的就绪,天气逐步成为开幕式能否在室外进行的唯一决定性因素,也是最不确定的因素。气象保障工作面临极大的挑战。

一是世园会开幕式对气象条件的要求极高。文艺演出和烟花燃放对各项气象要素都有严格的标准,哪怕零星小雨都可能导致活动的失败。若因为天气因素转场到室内,包括场景布设、道具更换、人员转移等大量基础准备工作都需要充裕的时间,气象部门至少需要提前6 h提供气象精准决策信息。

二是世园会园区周边地形复杂,预报难度大。此次世园会又称为"长城脚下的世界园艺博览会",园区距延庆八达岭长城10 km,园区及周边为平原地带,北部为山脉,地形复杂,预报的不确定性大幅增加。

三是气象保障的技术储备和经验积累较弱。首都气象日常保障的主要任务是城市生命线的安全运行,保障的范围也聚焦在中心城区。尽管针对北京2022年冬奥会气象保障,气象部门已经派遣团队常驻延庆进行多次冬训,积累山地气象预报经验,但是对于春季天气系统的了解和把握还有待于进一步提高。

4.4.2 前期筹备工作

(1)制定气象保障方案

针对世园会开幕式的高标准、严要求,为进一步做好世园会开幕式期间的天气会商、预报、预警及决策服务工作,气象部门多次调研世园会运行管理部、园艺部、大型活动部气象服务需求,编制《世园会开(闭)幕式及重要活动精细化气象预报预警服务实施方案》。充分利用气象现代化成果,科学分析开幕式期间天气气候特点,评估高影响天气风险,进一步开展有针对性的预报服务技术开发和系统建设。

北京市气象局以世园会及其周边地区为服务核心,不断挖掘补充世园会精细化预报预警服务需求,有针对性地做好各项气象服务筹备工作,提供高品质气象服务保障。经过前期沟通和调研,确定开幕式期间世园会决策管理层重点关注开幕式可能影响世园会安全运营的高影响天气预报服务;城市管理和运营层重点关注灾害性天气对园区安全运行、展园和园内植物的影响,高影响天气对交通、旅游、城市供水供电,以及世园会参观客流量和相关商品销售的影响;参观者和社会公众重点关注天气变化对户外活动的影响,北京市及周边地区旅游景点天气实况预报以及各类生活、环境指数预报等。针对高影响天气和可能发生的突发事件提供应急气象保障服务,适时派出应急移动车,开展气象探测和相关预报服务,为相关安保部门及时、有效地应对和处置突发事件提供科学决策依据。

(2)建设生态气象示范站

为了进一步提升世园会气象服务水平,世园会期间在园区里增加园区自动气象站,实时监测园区及周边气象要素的变化,并通过园区内的电子显示屏等为游客服务。2018年1月15日,园区专属综合气象站正式建成,3月1日起正式纳入业务应用(图4.33)。气象观测除了常规要素外,还包括辐射、能见度、负离子等共计20个。通俗易懂的气象观测结果将依托园区显示屏播出,也作为"世园气象早知道"展示信息来源。同时,园区显示屏也将播出气象预报预警信息。

图4.33 世园会园区生态气象示范站

（3）成立世园会气象台

为了提高世园会气象保障服务，成立世园会气象台，组建现场气象服务团队，现场做好高影响天气的解读，以及相关的科普工作（图4.34）。面向北京市委、市政府、应急办、防汛办，以及世园会大型活动管理等决策机构，提供高影响天气对世园会开幕式安全运营的影响预报和对策建议，以视频连线、手机短信、传真以及电话汇报和当面汇报等方式为各级管理和组织机构科学决策提供依据。现场值守同志每天参加世园会例会汇报，手台即时汇报，遇高影响会商视频直播对接至指挥大厅大屏。

为确保世园会期间气象保障工作有条不紊开展，确保高影响天气下气象预报预警信息的一致性，世园会期间建立了"三台"联动工作机制（图4.35）。通过"三台"联动机制，进一步明确了北京市气象台、延庆区气象台和世园气象台的工作职责。北京市气象台负责开幕式期间市级城市运行管理部门决策气象服务，延庆区气象台负责面向延庆区级城市管理部门及世园会园区外围气象保障服务，世园会气象台主要负责世园会园区内相关运营管理部门的气象保障服务。

图4.34 运营指挥大厅世园会气象台工作席位

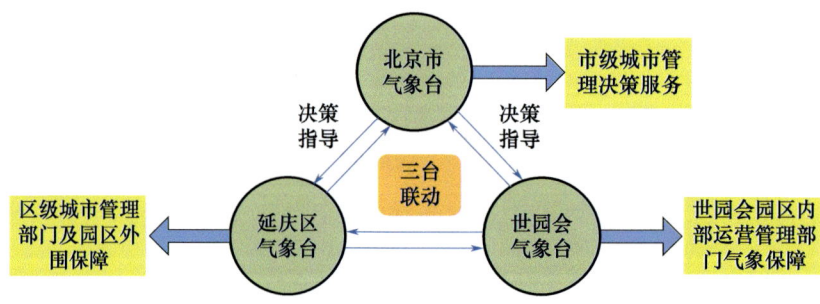

图4.35 世园会开幕式期间三台联动工作机制

（4）明确气象服务方式

世园会气象台每日早、晚滚动制作《世园会气象服务专报》，提供逐日气象信息，以及舒适度、紫外线预报、空气质量气象条件预报等服务提示信息（图4.36）。基于智能网格预报平台，订正发布世园会园区单点逐小时预报,并通过世园会网站以及园区内电子显示屏为游园游客提供精细化服务。高影响天气下,世园会运营指挥大厅可收看收听天气会商。通过传真、微信、电子邮件、现场解读、园区电子显示屏等全方位满足世园会气象保障需求。世园会网站和园区内的电子显示屏也及时为公众提供了精细化气象服务(图 4.37)。

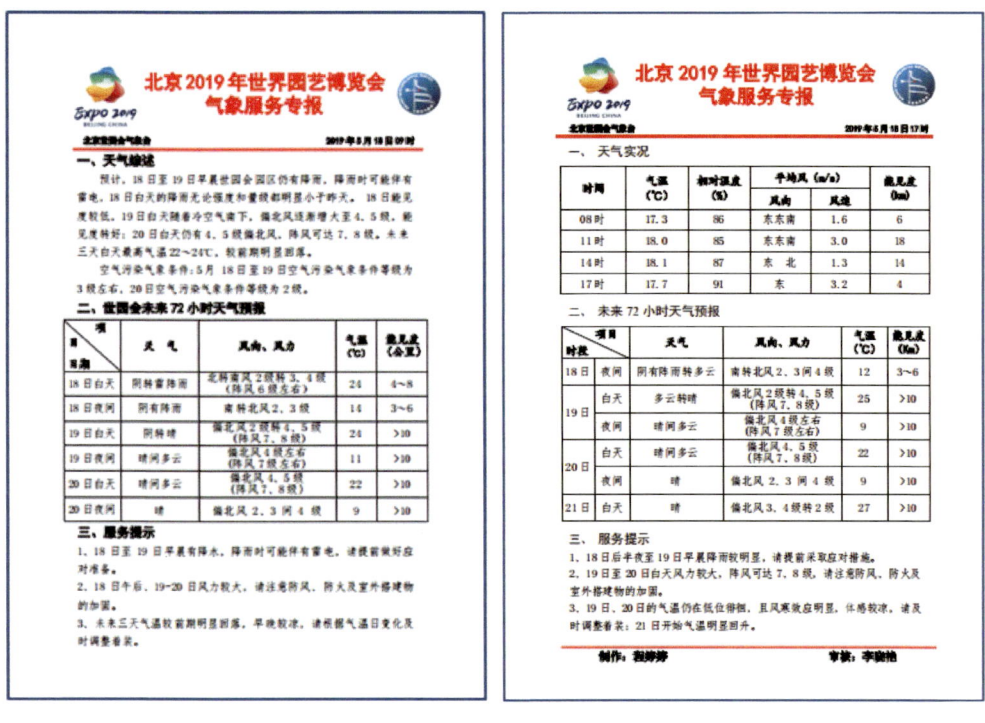

图 4.36　世园会气象服务产品样例

图 4.37　世园会网站及园区单点精细化天气预报

4.4.3　开幕式天气概况

2019 年 4 月 28 日北京市白天天空状况以阴天为主,短时间多云天气。28 日傍晚到夜间,北京北部地区出现了弱降水(图4.38a)。全市平均降雨量0.1 mm,最大降雨出现在昌平太平庄,为1.7 mm。世园会园区过程累计降雨量0.4 mm,主要出现时段在28日23时至29日00时(图4.38b)。世园会开幕式期间园区未观测到0.1 mm以上的有效降雨。据现场保障人员反馈,开幕式结束散场时,21:30左右世园会园区有零星掉点现象。

开幕式期间园区平均风力维持在1~2级,逐10分钟极大风速极值为2.9 m/s。由于风力较小且风向不定,从逐2分钟平均风看以偏东分量居多。受天空状况的影响,28日白天升温效应不明显,世园会园区白天最高气温11.5 ℃,开幕式期间气温为9~11 ℃,相对湿度在80%~85%。由于气温低,近地面空气湿度大,人体感觉较冷。

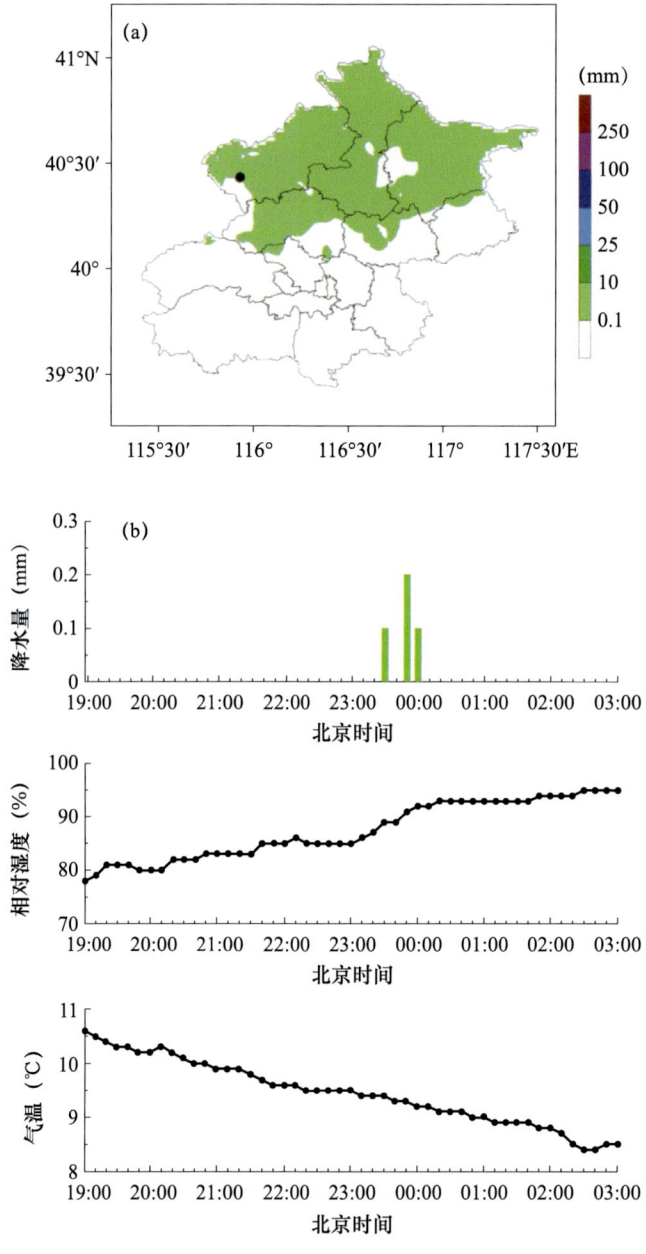

图4.38　2019年4月28日19时至29日03时北京市累积降水量(a);
世园会气象站逐10 min降雨、相对湿度和气温(b)

4.4.4 天气实况分析

(1)天气形势

图4.39a为2019年4月28日08时高空500 hPa环流形势。可以看到,中国中高纬为纬向环流,40°N附近以偏西气流为主。高空短波槽配合$T-T_d<5$ ℃的湿区,经新疆地区东部快速东移至河北西北部。至28日20时,高空槽进一步逼近华北地区(图4.39b)。北京上游张家口站转为西北风,北京南郊观象台转为西南风。华北地区700 hPa受反气旋环流控制,始终为脊区,850 hPa冷切变则位于北京中部(图略)。从卫星云图也可以看到,带状云系随短波槽东移并向东伸展,28日20时已经影响河北西北部至北京延庆西部山区。天气形势分析表明,28日大尺度动力及水汽层次偏高,不利于北京平原地区出现降水天气,但是湿度区和上升运动区偏北,西北部有出现弱降水的可能性。春季天气系统移动和变化较快,高空短波槽经过延庆北部山区,下山后是增强还是减弱仍存在不确定性。特别是开幕式的后半段(21—22时),高空槽已经逼近北京北部,世园会园区出现降水的风险增加。

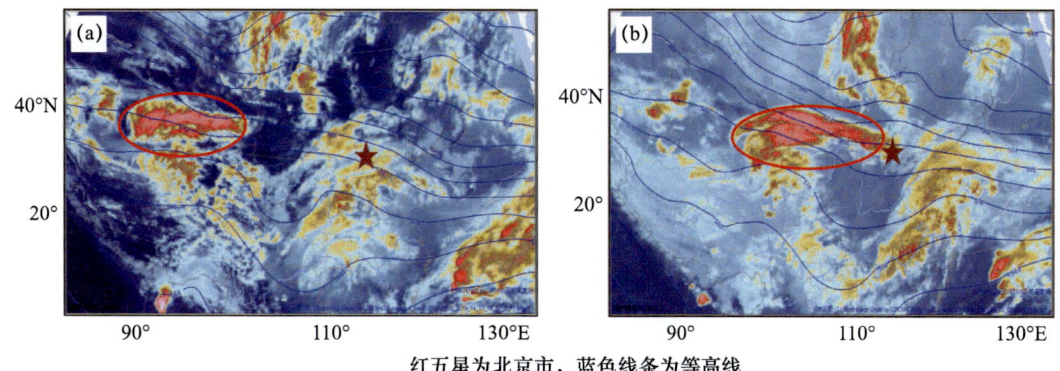

红五星为北京市,蓝色线条为等高线

图4.39 2019年4月28日08时(a)和20时(b)500 hPa高度场及红外云图

从图4.40可以看到,地面形成了"东高西低"的形势,北京处于高压后部和低压辐合区的前部,这种形势往往在低层表现为下沉或弱上升运动。同时,由于东路冷空气影响,气温下降明显。风廓线、自动站资料进一步分析发现,延庆世园会地区边界层中高层风场较弱、湿度小、温度低。世园会园区上游的河北张家口站和北京观象台站的探空分析显示(图略),华北地区热力条件较差,并不具备强天气发展的条件,高空槽移动过程中上游地区出现的降雨也很弱;开幕式期间不存在降水回波局地新生、发展的环境条件。由于世园会园区近地面相对湿度较大,随着天气系统的逼近,局地扰动引发降水的可能性并不能完全排除。

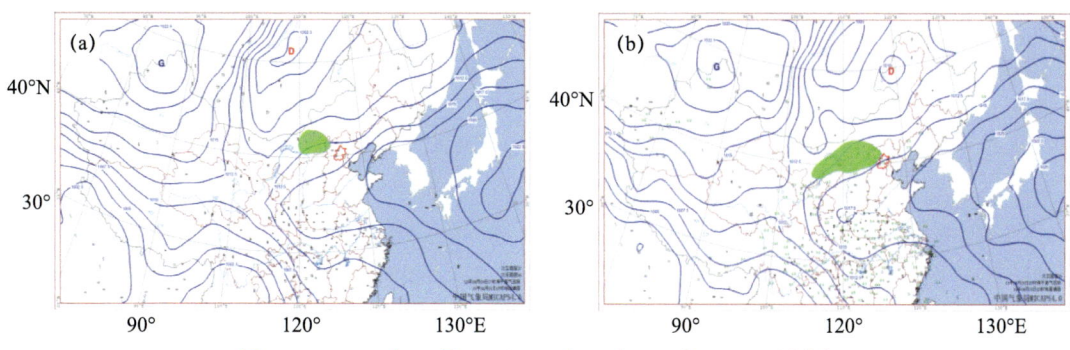

图4.40 2019年4月28日17时(a)和20时(b)地面图分析

(2) 雷达回波

受高空槽的影响,世园会园区上游出现了降雨。从雷达回波演变可以看到(图 4.41),降雨回波在移动过程中强度基本维持在 30 dBZ 以下,且回波主体整体偏北。18:30 左右回波主体仍在河北张家口附近,距离世园会园区约 100 km,中心最大降水量在 1 mm 左右。从移动方向和移动速度判断,开幕式期间回波的边缘将影响到世园会园区。

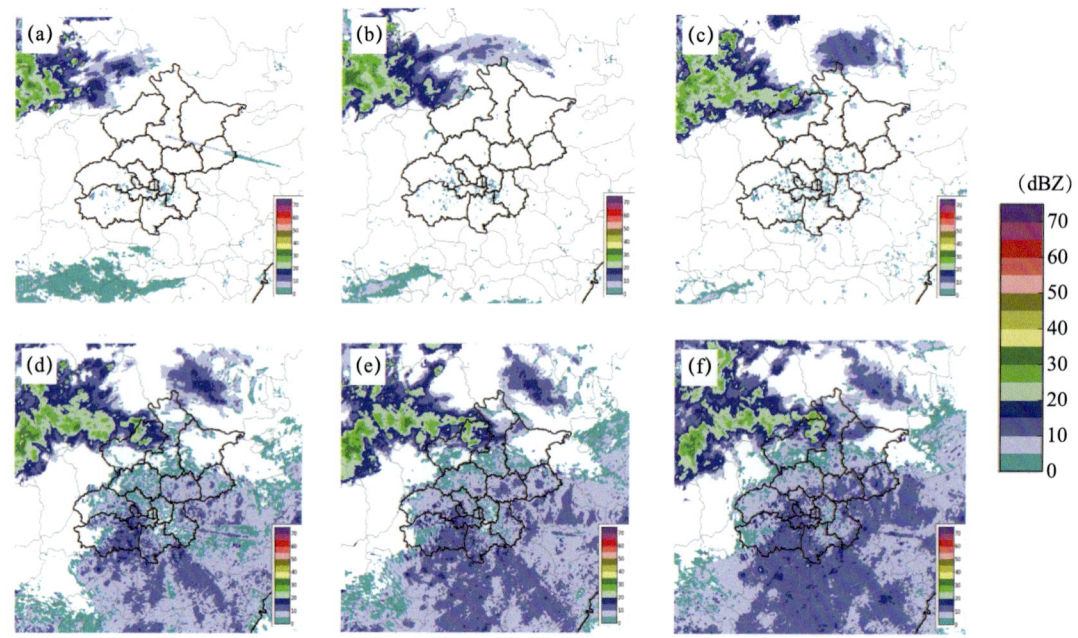

图 4.41　2019 年 4 月 28 日 18:29(a)、18:59(b)、19:30(c)、20:00(d)、20:12(e)和 20:30(f)雷达回波图

从延庆本站云雷达探测可以看到(图 4.42),开幕式期间 4～10 km 处以及近地面层水汽含量相对较高,但是 2～4 km 中层降雨回波反射率很弱,相对湿度很低,出现明显降雨的可能性较小。世园会园区北部为山区,近地面湿度较大,仍需进一步分析系统下山后是否会在延庆平原地区形成局地扰动,使得世园会园区出现小雨或零星小雨。

4.4.5　数值模式预报

(1) 全球模式对比

从 2019 年 4 月 27 日 20 时起报的 28 日 20—23 时降水落区比较可以看到,欧洲 EC 模式、日本模式和 NCEP 全球模式均预报该时段华北北部有 0～1 mm 降水,但降雨落区范围差异较大。从图 4.43a 可以看到,EC 模式预报降水落区主要位于内蒙古中部至河北西北部,东部边界进入北京延庆西部山区,不影响世园会地区。日本模式预报降水落区主要位于河北北部至北京延庆及怀柔北部山区,弱降水区接近世园会北部(图 4.43b)。NCEP 全球模式则预报降水落区影响北京大部地区,世园会地区有小于 1 mm 的降水(图 4.43c)。全球模式预报分析显示,不同模式对弱降雨落区的预报有一定的差异,同一模式在不同的起报时间对于世园会园区出现降雨的有/无也发生变化。总的来说,开幕式期间世园会园区出现明显降雨的可能性基本可以排除,但出现弱降雨的概率仍然很大。

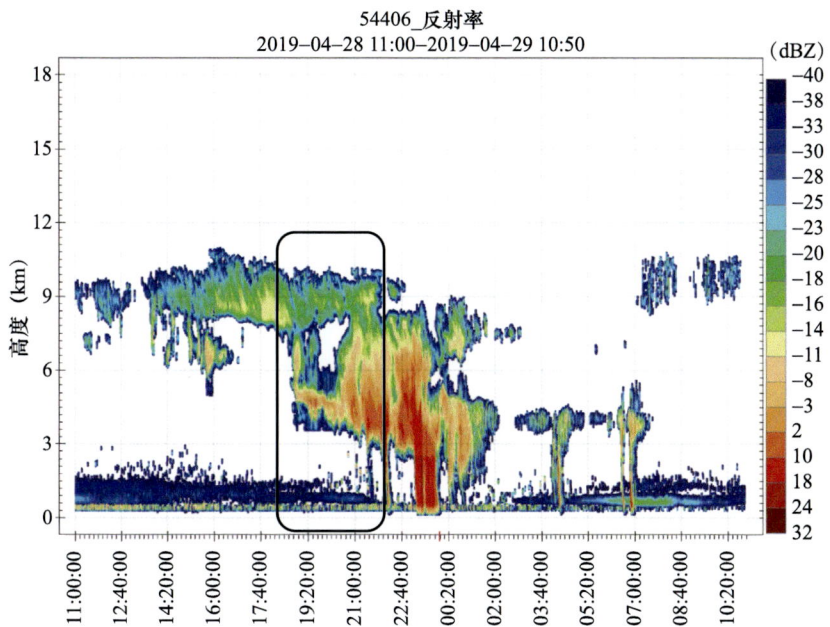

图 4.42 2019 年 4 月 28 日 11 时至 4 月 29 日 11 时北京市延庆站云雷达反射率

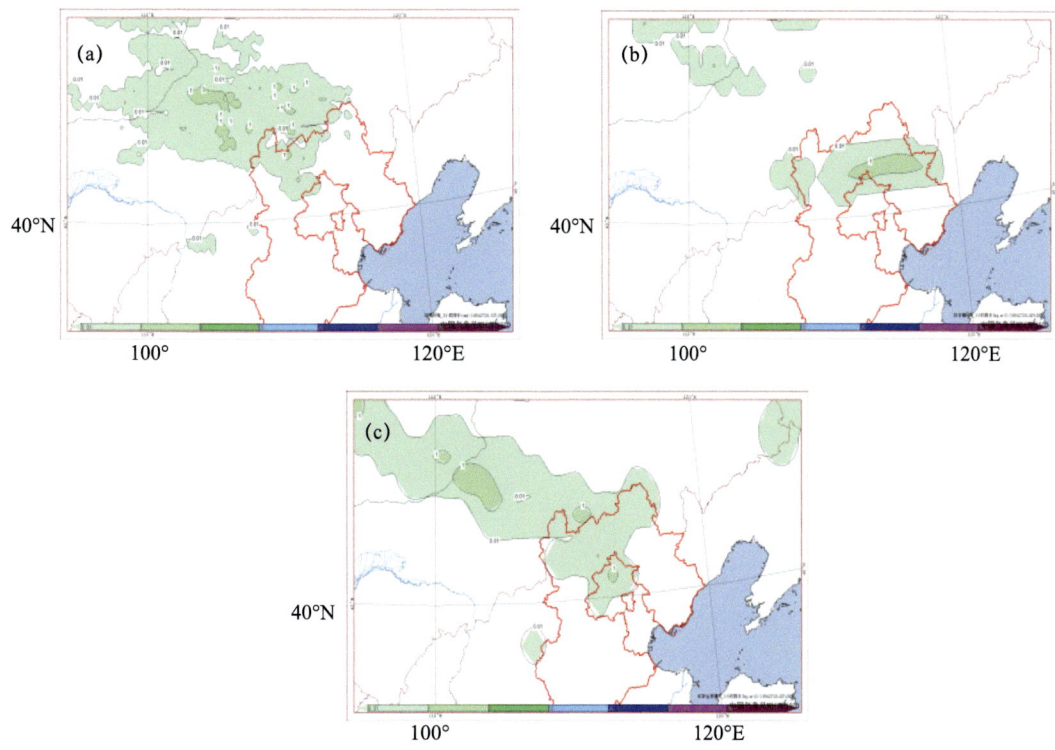

图 4.43 EC 模式(a)、日本模式(b)和 NCEP 模式(c)
2019 年 4 月 27 日 20 时起报的北京地区 28 日 20—23 时的累计降雨落区分布

（2）睿图中尺度预报

从北京本地中尺度模式睿图预报可以看到（图4.44），4月28日不同时次起报的降雨落区显示世园会开幕式期间园区周边有弱降雨，降雨落区基本位于河北西北部至内蒙古中部。降雨落区在北京延庆西部边缘摆动，28日08时起报的降雨落区显示22时世园会园区出现降雨；11时起报的降雨落区则显示世园会园区的降雨提前到21时；14时起报的20时、21时北京地区均无降雨，但22时左右延庆西部有降雨，且刚好位于世园会园区边缘。同一模式不同时次起报的降雨落区预报也有一定差异，对于世园会地区弱降水有无的判断分歧及不确定性较大，使得预报员定点、定量的精细化和确定性预报难度很大。

08时起报

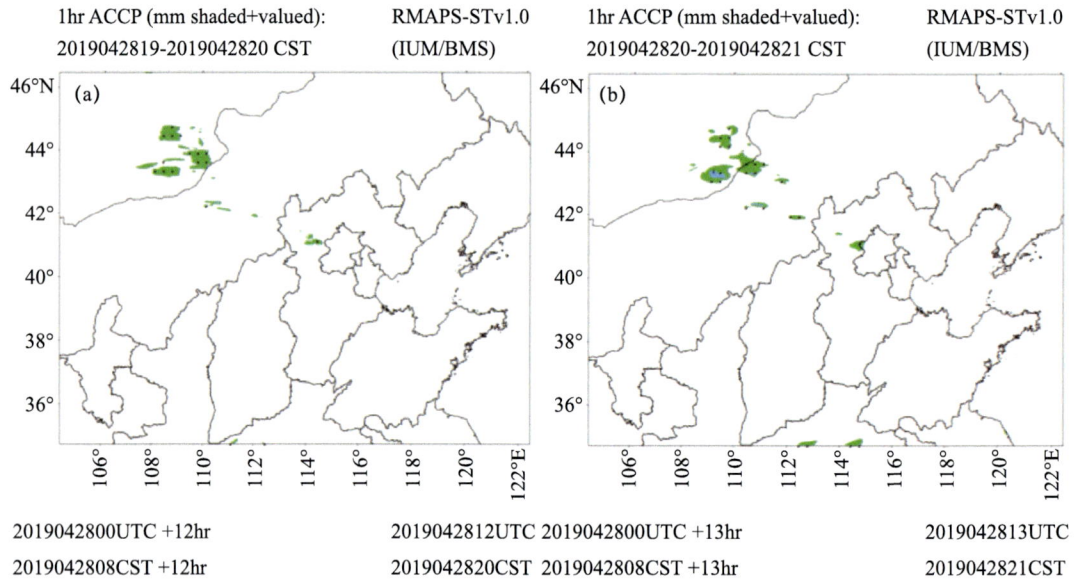

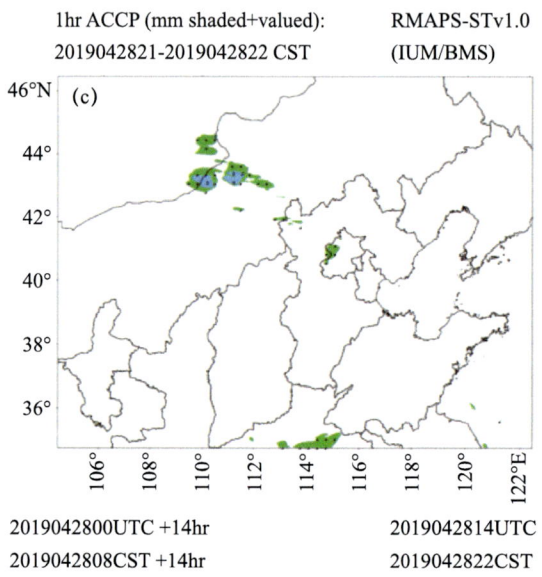

第 4 章 典型保障案例

11时起报

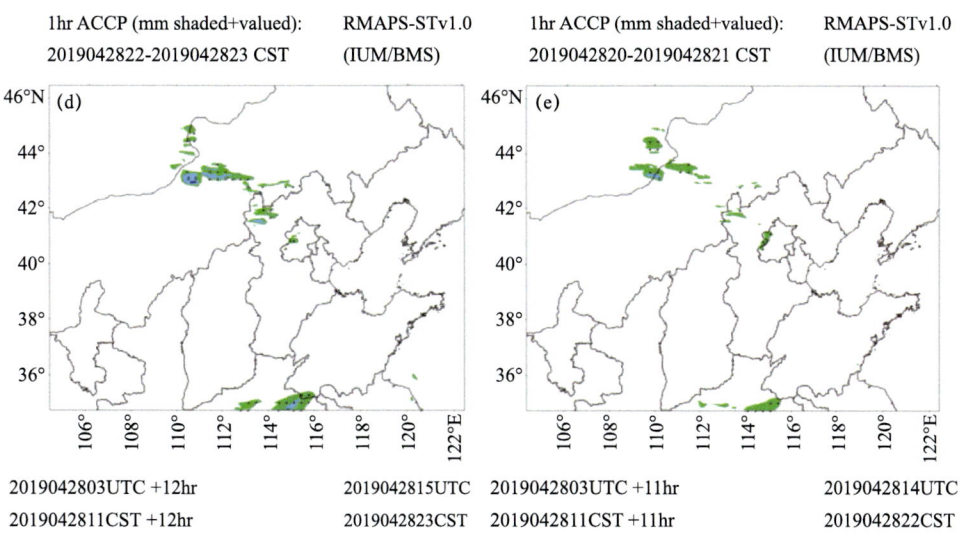

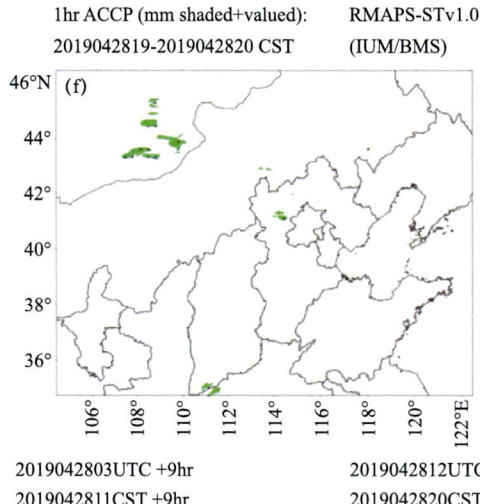

14时起报

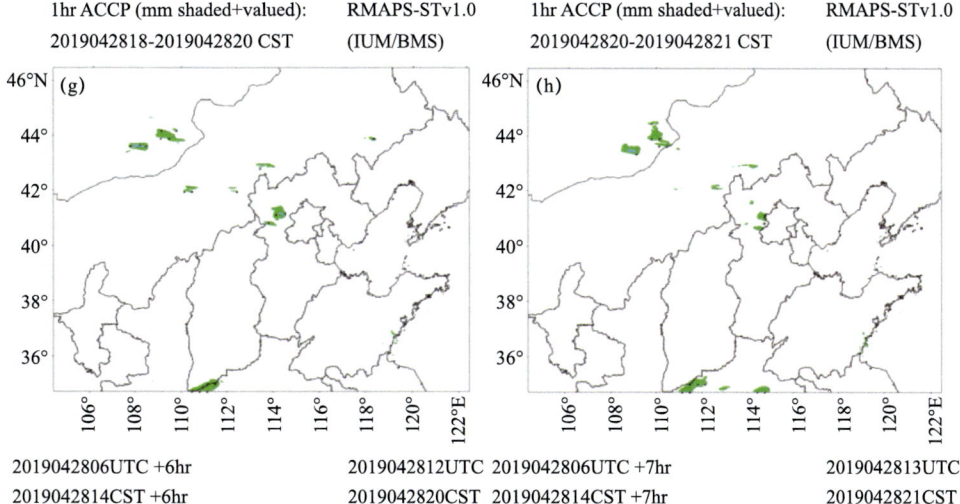

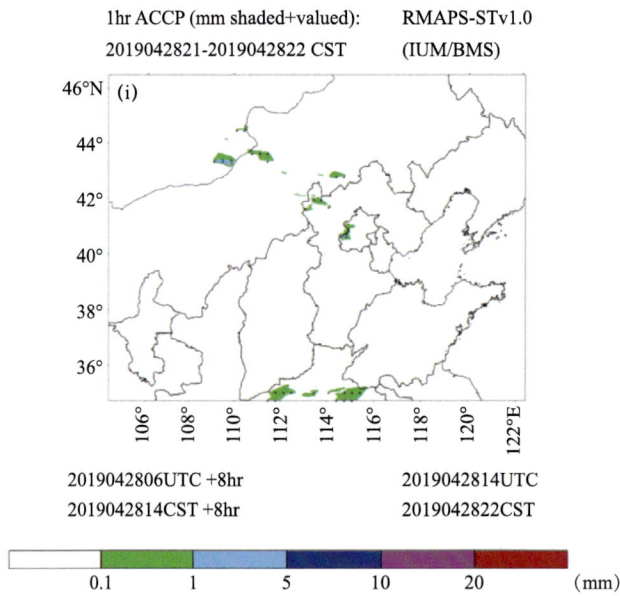

图 4.44　2019 年 4 月 28 日睿图中尺度模式 08 时起报的开幕式期间北京市 20 时(a)、21 时(b)、22 时(c);
11 时起报的 20 时(d)、21 时(e)、22 时(f)和 14 时起报的 20 时(g)、21 时(h)、22 时(i)降水落区分布

4.4.6　气象服务回顾

（1）开幕式保障风险

世园会开幕式各项活动议程安排都精确到分钟级,在临近演出和演出期间都需要精准的气象决策信息。为了进一步做好世园会开幕式气象保障工作,气象部门全程参与世园会的四次演练,气象服务全面融入世园会重大活动保障工作流程。随着开幕式的临近,天气关注的重点也逐步聚焦到演出期间降雨有/无的确定性预报问题。世园会开幕式多个演出节目在室外效果要远比室内精彩,假如因为不利天气的影响临时改为室内,效果将远不如预期。入夜后相对湿度不断增加,以及高空槽系统的临近,都使得演出期间世园会园区出现小雨或零星小雨的风险增加,气象预报服务存在着决策风险。第一种情况是"预报无雨,临近演出或演出过程中出现降雨",即漏报的风险。如果仍坚持预报无雨,演出期间实况出现降雨,哪怕是零星小雨,都可能对室外实景演出效果和现场观看秩序造成重要影响。第二种情况是"预报有雨,临近演出或演出过程中未出现降雨",即空报的风险。若预报有雨,室外演出将可能临时调整为室内,也可能不调整。若调整为室内演出,不仅会造成前期室外场地布设所涉及的大量人力、物力资源的浪费,临时调整还使得应对工作上难免不会出现纰漏,而且由于室内使得开幕式的整体效果未能全面呈现,组委会对气象服务的满意度将大幅下降。若不调整到室内,尽管开幕式在室外圆满开展,组委会仍会质疑气象部门的预报能力。第三种情况是"预报有雨,演出期间确实出现降雨";即使预报准确,不管是在室内演出还是室外演出,气象服务满意度都不高。

（2）会商联动及决策服务

世园会开幕式筹备期间北京市气象台组织开展了两次联合会商和京津冀天气会商,参与四次演练(图 4.45)。第一次演练是 4 月 9 日,世园会园区位于北京北部地区,4 月初大部分时间入夜后的最低气温仍在 0 ℃以下,演练主要关注低温、雨雪相态转换及大风天气。后三次演练活动的关注点包括开幕式室外活动重点关注降水,以及烟花试放重点关注风力、风向情况。此外,北京市气象台指导延庆区气象局做好两次全流程演练和两次森林防火应急演练的气象保障工作。通过全程参与演练活动,气象服务全面融入世园会重大活动保障工作流程。

世园会开幕式保障当天,市气象台派遣专家分别赴世园会指挥中心和焰火指挥部开展现场保障。世园会指挥中心现场保障人员负责为世园会园区的其他市属保障单位提供气象服务,焰火指挥部现场保障人员驻场世园会园区内的演艺广场,专门为烟花燃放提供专项服务。北京市气象台在常规日常会商和联合会商的基础上,保持与中央气象台的联动,特别是28日活动保障当天,关键时段每半小时会商一次,保障了对外气象信息的一致性。另一方面,延庆区气象局负责为区委、区政府及世园会园区外围相关保障单位提供气象服务。

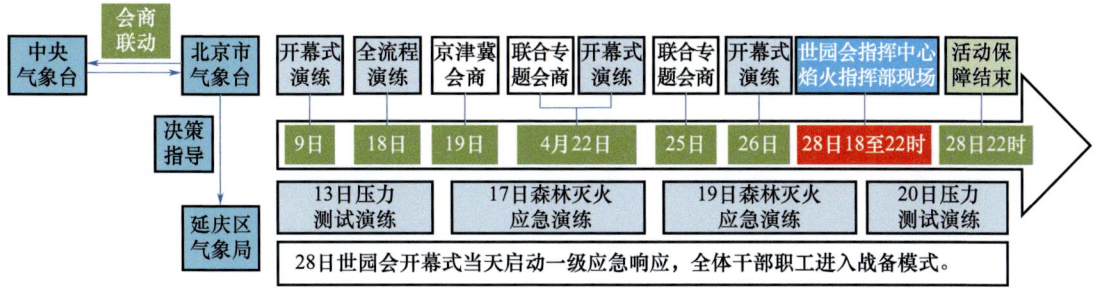

图 4.45 世园会开幕式期间气象保障服务过程

(3)短时预报服务

世园会开幕式的短时预报服务主要经历三个关键决策点:第一个关键决策点是 28 日 16 时,组委会需要根据天气情况决定是否需要转场,即室外演出调整到室内。此时,北京的上游河北张家口地区已出现降雨,降雨量为 1~2 mm,按照系统的移动速度外推,预计在 5~6 小时后影响北京地区,加上入夜后相对湿度将明显增加,世园会园区局地出现降雨的可能性也在增加。综合天气系统和多种观测资料的分析,以及气象决策风险的把控,28 日 16 时发布的预报提示 21—22 时有零星小雨。应对措施方面,一是现场保障人员把天气会商结果及出现降雨的风险告知组委会,建议演出仍在室外举行,但是开幕式撤场期间可能会受到降雨影响。二是气象部门开展现场观测,加强雷达、卫星、睿图等资料综合分析,及时把天气变化情况反馈给组委会。

第二个关键决策点是 28 日 18:30,组委会需要进一步掌握零星小雨出现的准确时间,根据天气情况决定是否需要升级应对降雨的具体措施。由于预报零星小雨出现的时段是在开幕式演出即将结束的时候,漏报和空报的风险依然存在。此时,需要关注零星小雨是否会提前,以及降雨是否会更加明显。降雨的预防措施不但要有效降低风险,也要避免过度防御,需要精准的气象信息科学支撑。应用风廓线、加密自动站及区域模式睿图等资料进一步分析得到,降雨回波在移动过程中并没有发展加强的趋势,延庆世园会地区边界层风场较弱、中层湿度小、温度低,也不存在降水回波局地新生、发展的环境条件。因此,综合判断 21:30 前世园会园区不会出现降雨。

第三个关键决策点是 28 日 19:40,组委会需要了解开幕式下半场演出期间气象条件,最后时刻决定是否把最为精彩、对天气最为敏感的演出节目往前调整。零星小雨出现的时间稍有往前调整,就会影响开幕式最为精彩的部分。根据雷达回波外推及云雷达垂直方向的探测情况,综合各种气象资料分析降雨的特征发现,弱降水基本沿 600 m 以上地形分布,而世园会园区位于延庆平原地带,地形高度 481 mm,且无局地风场辐合条件,判断园区短时间内并不具备产生降水的条件。现场保障人员经与后方专家团队会商,为组委会反馈 21—22 时阴转零星小雨,21:30 前无影响。据现场保障人员反馈,演出结束撤场时,现场出现零星小雨,最终天气实况与预报结论高度吻合。

4.4.7 小结与讨论

为做好世园会保障工作,气象部门从硬件设施、技术支持和人员配备上都做了精心安排。世园会指挥中心大厅内,现场服务人员可以制作提供逐时 1 km 分辨率的精细化预报产品,同时也配齐了方便快捷、高效业务系统。自从世园会开园后,气象台就派出首席专家展开现场保障服务,逐步建立规范化的《世园气象日常工作流程》,从工作到出行都进行了详细的梳理和说明。

(1)世园会开幕式是世园会最为重要的组成部分,人员集中,影响面大,对天气极为敏感。此次降雨天气过程,强度不大但影响极大,气象要素的细微变化都可能导致打乱原有的部署,直接决定着世园会开幕式是否可以顺利举办。应用多种综合观测资料,结合模式预报对降雨的发展进行了深入分析。针对开幕式关键的决策点把降雨的风险和短时预报服务相结合,圆满完成了世园会开幕式的气象服务,取得良好的服务效益。

(2)弱降水过程的动力条件往往较弱,模式对弱降水过程的预报总体都有所反应,但是在降水的有/无和出现范围上没有哪家模式有明显的优势。因此,把握天气形势的变化,综合分析多种探测资料对大气物理状况的解释,有助于对天气系统的认识,进而分析降水系统短时的发展变化。加上世园会园区周边地形复杂,更需要对弱天气系统及其影响进行深入、细致的分析。

(3)现阶段天气预报还难以做到完全准确地定时定点定量预报,从实际的经验来看,还存在服务的技巧问题,需要通过有效的服务及时弥补。此次世园会开幕式是否会受到降雨天气的影响,在时间和空间上都存在着不确定性,应急预案的决断已经完全依赖于气象信息。在预报不确定性的前提下采用合理的服务策略,包括维持预报结论的稳定性、注意预报内容的精细化程度、关注决策用户的心理预期、告知风险天气出现的概率等,基于天气的发展变化做好气象风险把控,把握好气象服务的节奏,最大化降低不利天气的影响。

(4)重大活动气象保障是最高级别的决策服务,下一步仍需进一步开展大型活动气象服务保障经验总结,完善大型活动气象保障常态化运行工作机制,才能充分展现气象部门的现代化成果,进一步提高气象工作在建设服务型政府中的地位和影响。

4.5 新中国成立 70 周年庆祝活动

庆祝中华人民共和国成立 70 周年活动(以下简称"庆祝活动")是党和国家、全国各族人民政治生活中的一件大事、喜事,意义重大,影响深远,级别更高、活动更多、规模更大、周期更长、要求更严。

庆祝活动气象保障工作受到高度重视,多次要求加强气象风险分析。气象部门把做好庆祝活动气象服务保障作为最重要的政治任务,按照"精精益求精、万万无一失"的要求,以最严密的组织、最精锐的资源、最严格的作风、最高的标准,举部门之力,集专家之智,从最不利气象条件着手,围绕气象预报"早"和"准",组织气象预报专家团队,发挥联合会商、专家会诊的作用,精心准备、精准研判。针对庆祝活动服务的高标准和高要求,突破常规业务,密切关注气温、风向风力、体感温度、相对湿度和能见度等气象要素,精准预报、精细服务,为庆祝活动提供了最优质的气象服务,有力保障了演练和庆祝活动的圆满成功,气象保障工作获得充分肯定。

本节回顾了新中国成立70周年庆祝活动的筹备、演练及正式保障期间气象部门所开展的工作,力求全景呈现庆祝活动气象保障业务流程和场景,为后期重大活动气象保障工作做好经验积累,也为开展重大活动气象保障工作提供借鉴。

4.5.1 庆祝活动筹备工作

4.5.1.1 庆祝活动气象保障需求

2018年年底成立庆祝活动气象保障工作领导小组,制定一系列方案预案;强化组织领导,部署落实到位,主动对接各指挥部气象服务需求。由于庆祝活动涉及的保障地点较多(图4.46),气象部门通过各种方式向各指挥部及相关工作机构了解气象服务需求,包括气象服务内容、气象服务手段等,满足各部门在筹备、演练和庆祝活动期间气象服务需求。派驻业务骨干提前入驻联欢活动、群众游行活动等服务保障指挥部,全流程、全方位对接需求并提供及时服务。同时,加强与城市安全运行部门的沟通和联动,为庆祝活动期间城市运行和庆祝活动安全有序提供保障。庆祝活动涉及高空吊装、LED网幕安全、旗杆升高、旗帜加宽加大、烟花燃放等多项活动安排,对天安门广场的三维风场精细化分析尤为迫切和重要。根据风险评估,极端天气主要对庆祝活动产生如下影响:

(1)敬献花篮仪式:可能出现的降雨、大风、空气重污染、高温和雷电等情况,主要对花篮摆放、高空摄像、参加人员身体状况产生一定影响。除了需要考虑不利气象条件对举行活动本身产生的影响,同时也需要考虑对于电视转播等不利影响。

(2)空中梯队的影响:可能出现的降雨、大风和雾、霾等情况,主要对空中梯队表演、受阅车辆通行等产生一定影响。空中梯队的理想气象条件为晴到多云为主的天气,具体气象要素要求:①气温一般不宜超过30 ℃;②能见度≥10 km;③风力为2到3级;④低云≤2成;⑤无沙尘、降水、强对流等天气。此种气象条件下,当空中梯队进行飞行表演时,蓝天白云的天空背景非常有利于检阅和观赏。

(3)群众游行活动:可能出现的降雨、大风、雾、霾、空气重污染、高温、低温、雷电等情况,主要对和平鸽施放、彩车行进、人员展演、气球放飞、索道摄像机拍摄、参加人员身体状况、设备安全等产生一定影响。

(4)联欢活动:可能出现的降雨、大风等情况,主要对烟花燃放、演出道具使用、交响乐团及合唱团演出、网幕使用等产生影响。烟花燃放比较理想的气象条件是无雨,风力小于3级,能见度6 km以上,有较多的分散性的低云、碎积云,云底高度在1000 m左右,有较多的水汽,相对湿度70%以上。如果无风或风力太小,加上逆温、高湿等天气,将不利污染物扩散,影响空气质量和观看效果。在风力≥6级时,火灾风险隐患较高。

(5)游园活动:可能出现的降雨、大风、雷电等情况,主要对游客游览、公园周边交通、游船行驶等产生一定影响。

图 4.46　庆祝活动期间关注的保障点

4.5.1.2　编写庆祝活动保障方案

从最不利因素入手,第一时间提供气象风险分析评估。根据气象风险评估的要求,提前半年对庆祝活动期间气象风险按影响程度划分了 7 类风险,并对风险评估内容进行"排除式"服务。研究极端天气风险及主要影响,参与编写极端天气应对总体工作方案,提前给出极端天气风险描述及主要影响,协助各指挥部做好高影响天气风险应对及控制预案。先后参加了相关部门多场有关庆祝活动实施方案研讨会、咨询会,为各种与天气风险有关的具体活动提供气候咨询和参考。例如,给某场咨询会上的风洞试验提供关键参数,给某场实施方案论证会上提出了面临的高空风风险,更正了原有的实施方案等。

围绕天气预报服务保障任务,编制气象保障工作方案、前线指挥部工作方案和应急预案等,并细化重大活动天气会商、气象预报服务等倒排期表,将任务落实到岗,责任落实到人。及时启动应急响应,执行 24 小时负责人领班、专人值班制度,确保人员在岗在职在责。

4.5.1.3　完善精细化三维气象观测

(1)加密地面气象观测

天安门气象自动站位于天安门广场西南角,下垫面为草地,周边有树木,风速观测离地高度为 10 m。为了进一步了解关键区气象条件,临时在广场灯杆上增加 4 个加密气象自动站(图 4.47)。加密自动气象站下垫面为不透水广场面,周边开阔,风速观测离地高度约 5 m。

(2)正阳门测风激光雷达

为了获取天安门广场的精细三维风场,在广场周边城楼上架设了加密气象站和多普勒激光测风雷达,从而开展天安门广场不同高度风速观测。周边环境如图 4.48 所示,下垫面为不透水面,周边有建筑。其中,加密气象站风速观测离地高度约 15 m;多普勒激光测风雷达风速观测高度为 57 m、71 m、86 m、100 m、114 m、128 m、142 m、157 m、171 m、185 m、199 m。

图 4.47 场所加密气象观测示意图(圆圈处布设 5 套气象站和 1 台激光测风雷达)

图 4.48 城楼处气象观测站(左)及多普勒激光测风雷达(右)

(3)大气物理研究所铁塔观测

北京气象铁塔,位于北京市海淀区北三环马甸桥北,北土城西路健德门桥的西南角,距离广场直线距离约 8 km(图 4.49)。气象铁塔高 325 m,亚洲第一高的气象塔,是中国科学院大气物理研究所用于气象研究。

利用中科院大气物理研究所铁塔不同高度的历史风速资料,估算风切变指数,结合天安门历史风速资料,来推算天安门地区不同高度极大风速。

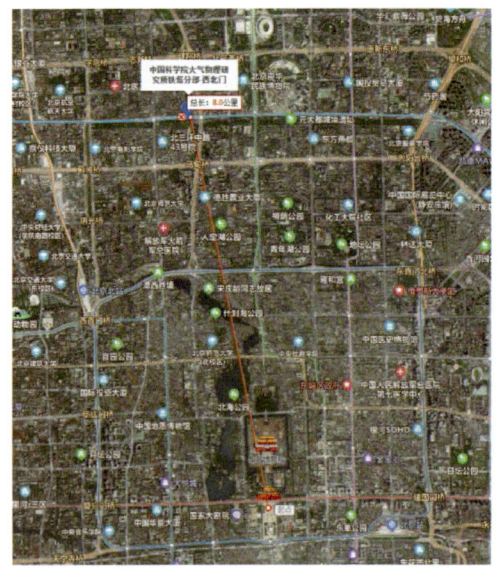 

图 4.49　大气物理研究所铁塔位置及铁塔风速观测

4.5.1.4　开展气象关键技术研究

(1)国庆期间天气风险评估

为了进一步评估国庆期间的天气风险,利用天安门自动气象站 2000—2018 年国庆期间(9月 25 日—10 月 5 日)逐时温度、风速、降水等气象要素,以及北京地区代表气象站——观象台(北京南五环附近,距离天安门广场约 12 km)近 30 年(1989—2018 年)9 月 25 日—10 月 5 日逐日气温、降水、能见度、云量、天气现象等气象要素,对国庆期间天气风险进行评估。另外,参考了天安门广场临时布设的 4 个加密观测自动气象站和一台多普勒激光测风雷达短期风速观测资料作为补充。评估方法如下:

①风险判别方法

根据灾害风险原理,国庆庆祝活动期间天气风险可以表达为:

$$风险度 = 危险度 \times 易损度 \qquad (1)$$

式中:危险度可以用高影响天气出现概率(或频率)来表征,易损度用高影响天气对庆祝活动(包括游行、空中梯队飞行表演、烟花燃放、群众性活动、城市安全运行)影响的严重程度表征。由此,可以采用风险矩阵法确定国庆庆祝活动期间的高影响天气风险等级,如表 4.4 所示。

表 4.4　基于风险矩阵的高影响天气风险等级判定

事件发生概率(或频率)	风险等级			
	轻微	一般	较严重	严重
较不可能(≤10%)	低	低	低	中
可能(10%～50%)	低	低	中	高
很可能(50%～80%)	低	中	高	高
几乎肯定能(>80%)	中	高	高	极高

②风险判别结果分析

利用风险判别方法,通过对国庆期间高影响天气出现概率(频率)的计算分析,结合其对国庆庆祝活动可能造成影响的严重程度综合分析得到表4.5风险等级。结果表明,国庆期间大部分情况下气象条件适于庆祝活动,但出现影响活动的天气风险依然较高。国庆庆祝活动期间主要天气风险按影响程度从高到低依次为降水/阴雨、白天大风、雾、霾、夜晚大风、高温、低温、雷电等7类,其中降水/阴雨、白天大风、雾、霾为高风险;夜晚大风为中风险;高温、低温和雷电为低风险。

表4.5 庆祝活动期间气象风险等级表

风险名称	可能性(概率)	影响后果	风险等级	风险类别	风险控制原则
降水/阴雨	可能(21%)	严重	高风险	不可控风险(C类)	气象部门按《大型活动气象服务指南 工作流程》开展天气风险控制,活动举办方制定风险应用措施
白天大风(风速≥6级)	可能(21%)	严重	高风险	不可控风险(C类)	气象部门按《大型活动气象服务指南 工作流程》开展天气风险控制及现场气象服务,活动举办方需采取防风加固措施以及制定空中编队飞行应急方案
雾、霾	可能(27%)	严重	高风险	可降低风险(B类)	气象部门按《大型活动气象服务指南 工作流程》开展天气风险控制,政府可采取大气污染防治措施减轻影响
夜晚大风(风速≥6级)	可能(16%)	较严重	中风险	不可控风险(C类)	气象部门按《大型活动气象服务指南 工作流程》开展天气风险控制及现场气象服务,活动举办方需采取防风和消防安全措施
高温直晒	较不可能(10%)	一般	低风险	不可控风险(C类)	气象部门按《大型活动气象服务指南 工作流程》开展天气风险控制,活动举办方和人群需采取防晒降温措施
雷电	较不可能(4%)	一般	低风险	不可控风险(C类)	气象部门按《大型活动气象服务指南 工作流程》开展天气风险控制及现场气象服务,活动举办方需做好防雷措施
低温	较不可能(1%)	一般	低风险	不可控风险(C类)	气象部门按《大型活动气象服务指南 工作流程》开展天气风险控制,活动举办和人群需采取防寒保暖措施

图4.50为庆祝活动期间气象风险地图。气象风险主要集中于北京城六区范围,其中白天高温直晒、夜晚大风和低温主要影响室外大型活动人群,这些活动主要在天安门广场及周边区域(东城区和西城区)进行;其他气象风险如降水/阴雨、雾、霾、白天大风、雷电等对城六区城市生命线、庆祝活动、空中梯队表演均可能造成影响。因此,风险防范区进一步分为核心区、重要区和次要区。东城、西城为所有的7种高影响天气风险区,是庆祝活动气象风险重点防范区,其中天安门广场周边1 km范围是庆祝活动聚集场所,是核心防范区。海淀、朝阳、丰台和石景山为降水/阴雨、雾、霾、白天大风、雷电风险区,是庆祝活动气象风险次要防范区。

③风力的评估分析

根据对国庆期间的风力评估显示(图4.51),天安门地区极大风速为23.3 m/s(9级),出现在2002年10月1日13时;傍晚极大风速为14.0 m/s(7级),出现在2004年10月1日18时。根据统计分析,庆祝活动期间有出现6级以上大风天气的可能,夜晚烟花燃放时段(18—23时)极大风速≥6级的天气出现频率最高可达16%;若出现则会对周边故宫及其他建筑及航拍、群众性活动造成较大安全风险。

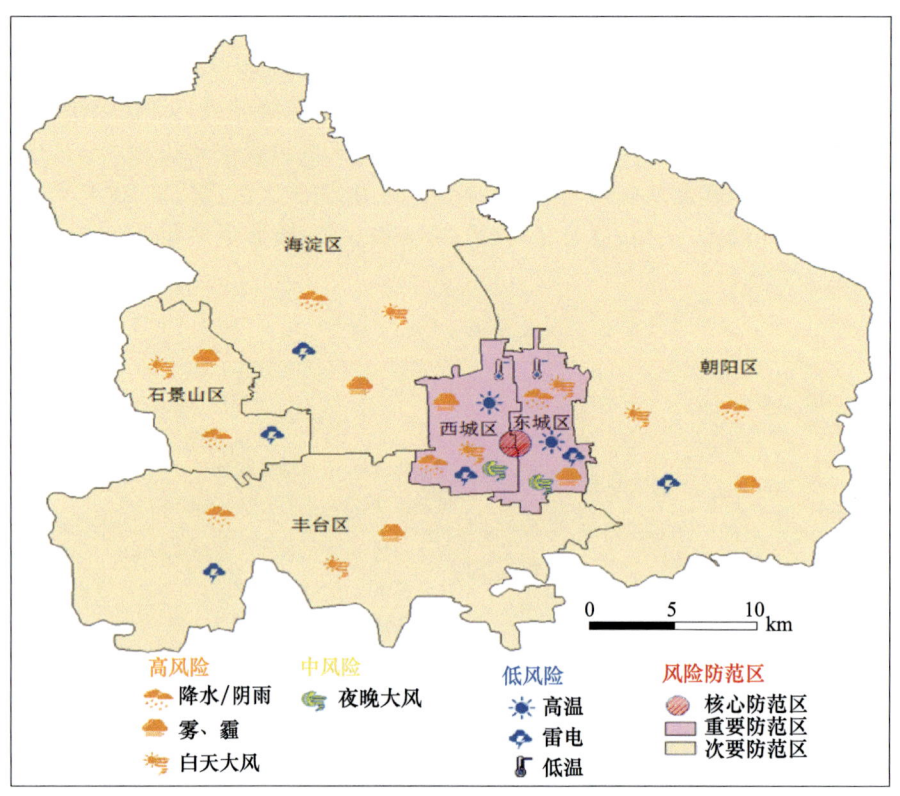

图 4.50　北京国庆庆祝活动期间天气风险地图

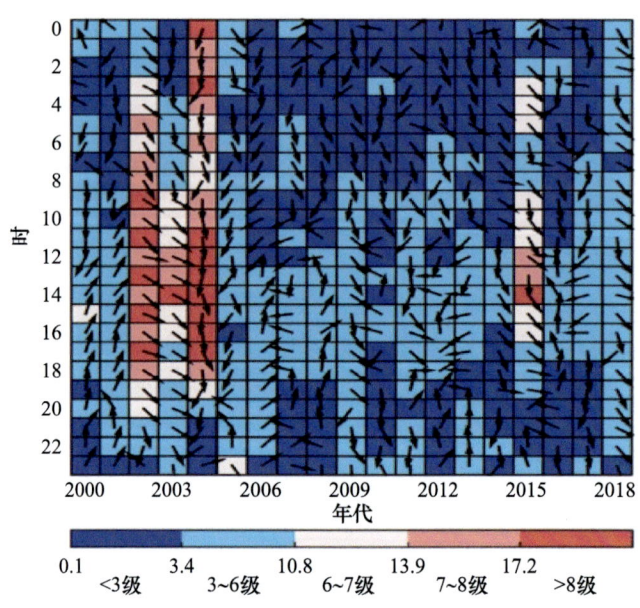

图 4.51　历年国庆日极大风速等级及风向图(2000—2018 年,箭头表示风向)

(2)国庆气象保障预报技术手册

北京的气候特征和复杂的下垫面特征,使得北京天气复杂,天气的可预报性降低。加上国庆时段是秋季,北京的大气环流处在夏季环流向冬季环流的转换期,冷暖空气势均力敌且活动频繁,天气系统更为复杂多变,天气预报难度更大。为了更好地了解国庆期间天安门地区的天气气候特征、极端天气特点以及要素变化特征,选取观象台、朝阳、海淀、丰台、石景山等城区五站为分析区域代表站点开展了研究分析(图 4.52)。根据庆祝活动不同指挥部对高影响天气的关注点,梳理分析高影响天气的服务提示和建议,最后形成《国庆气象保障预报技术手册》。主要内容包括:

①国庆日当天气象要素特征:天安门自动气象站建站以来,国庆期间和国庆节当天的气温、风速、降水、相对湿度等气象要素特征;其中,国庆期间是指国庆日前后共 20 天(9 月 21 日至 10 月 10 日)。

②国庆期间天安门气候特征:以近 30 年(1989 至 2018 年)国庆期间历史气象资料,研究北京城区气温、风速、降水等主要气象要素的气候特征。

③国庆期间气象条件极值:统计城区 5 个代表站各气象站建站以来的极值气象要素,包括极端最高、最低气温、最大降水量、极大风速和极端最低能见度情况。

④近 10 年高影响天气典型个例:梳理近十年 9 月下旬至 10 月上旬,降水、大风、低能见度、高/低温的典型个例,总结梳理极端天气和高影响天气的天气形势和预报要点。

⑤北京城区垂直方向风场特征:基于海淀站和观象台站逐小时风廓线雷达数据,以及地面自动站常规观测资料,对边界层不同高度的风场及其与地面风(2 分钟平均风和小时极大风)进行对比,进一步了解北京城区垂直方向风场随高度变化特征。

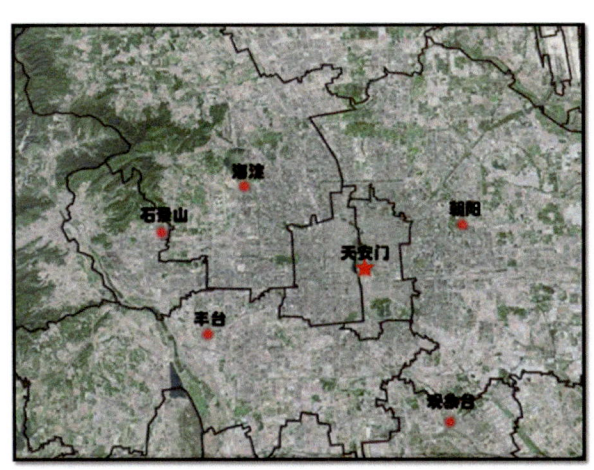

图 4.52　选取的城区五站及天安门的地理位置

(3)精细化风场对比分析

根据观测资料完成《天安门地区加密风速观测初步分析》,提交至相关指挥部以及成员单位、协作单位。向联欢活动指挥部提供近二十年 9 月 25 日—10 月 1 日期间天安门区域风的历史统计及周边区域历史上出现的极大风向和风速。通过实地勘测,为天安门广场旗杆及国旗设计提供风场分析报告。同时,为"大型漂浮装置"抗风试验选址提供建议:利用 1989—2018 年(近 30 年)6 月 1—15 日的京津冀地区地面气象数据对京津冀地区四级及以上风速(平均风速大于 5.9 m/s)的出现频率进行统计分析,提交"京津冀地区抗风试验选址的建议"。针对各指挥部重点关注的风向、风力问题开展系列研究,不断积累预报服务经验。

①天安门站和广场加密站

利用天安门气象自动站和 4 个广场加密气象站(风速观测高度均为 10 m)资料分析表明(图 4.53):广场加密气象站风速时间变化与天安门自动站具有一致性,但广场加密气象站平均风速、最大风速和极大风速分别偏高 5%、30%和 20%,其中最大风速在夜晚(00—07 时)、极大风速在傍晚(18—23 时)增加更为明显;日变化中下午时段(13—17 时)风速明显高于其他时段。

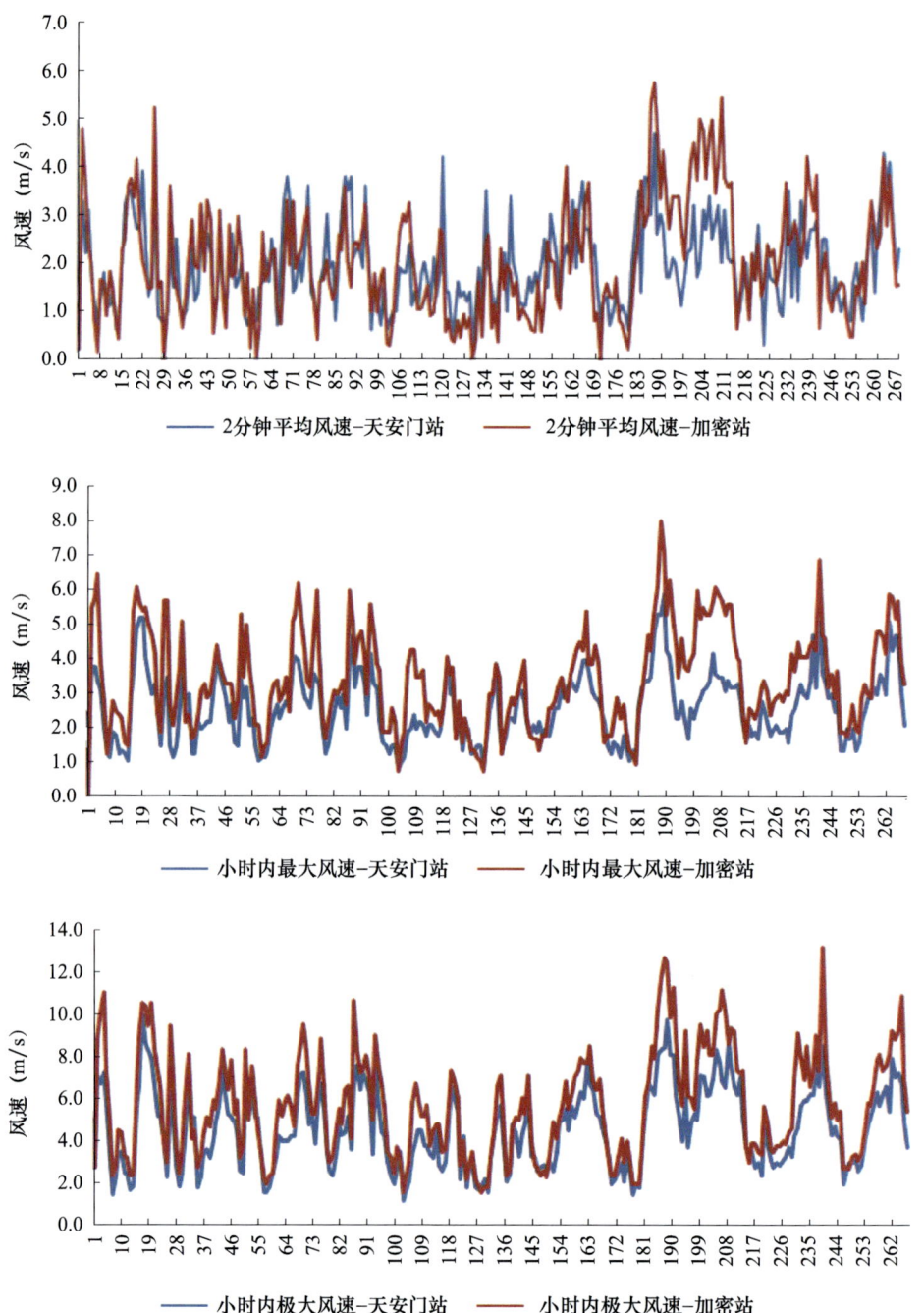

图 4.53　天安门站和广场加密站 2 分钟平均风速、逐时最大风速和逐时极大风速对比分析

②天安门站和正阳门站

利用天安门气象自动站(风速观测高度约为 10 m)和正阳门气象自动站(风速观测高度约为 15 m)资料分析表明(图 4.54):正阳门气象站平均风速、最大风速和极大风速时间变化与天安门自动站具有一致性,天安门平均风速略高于正阳门站;但是,可能受高差及大风影响,正阳

门站最大风速和极大风速分别较天安门站偏高7%和11%,且傍晚偏高更为明显。两者均观测到5月19日北京罕见大风天气下的极大风值,天安门站和正阳门站分别为16.7 m/s(7级)和15.4 m/s(7级)。

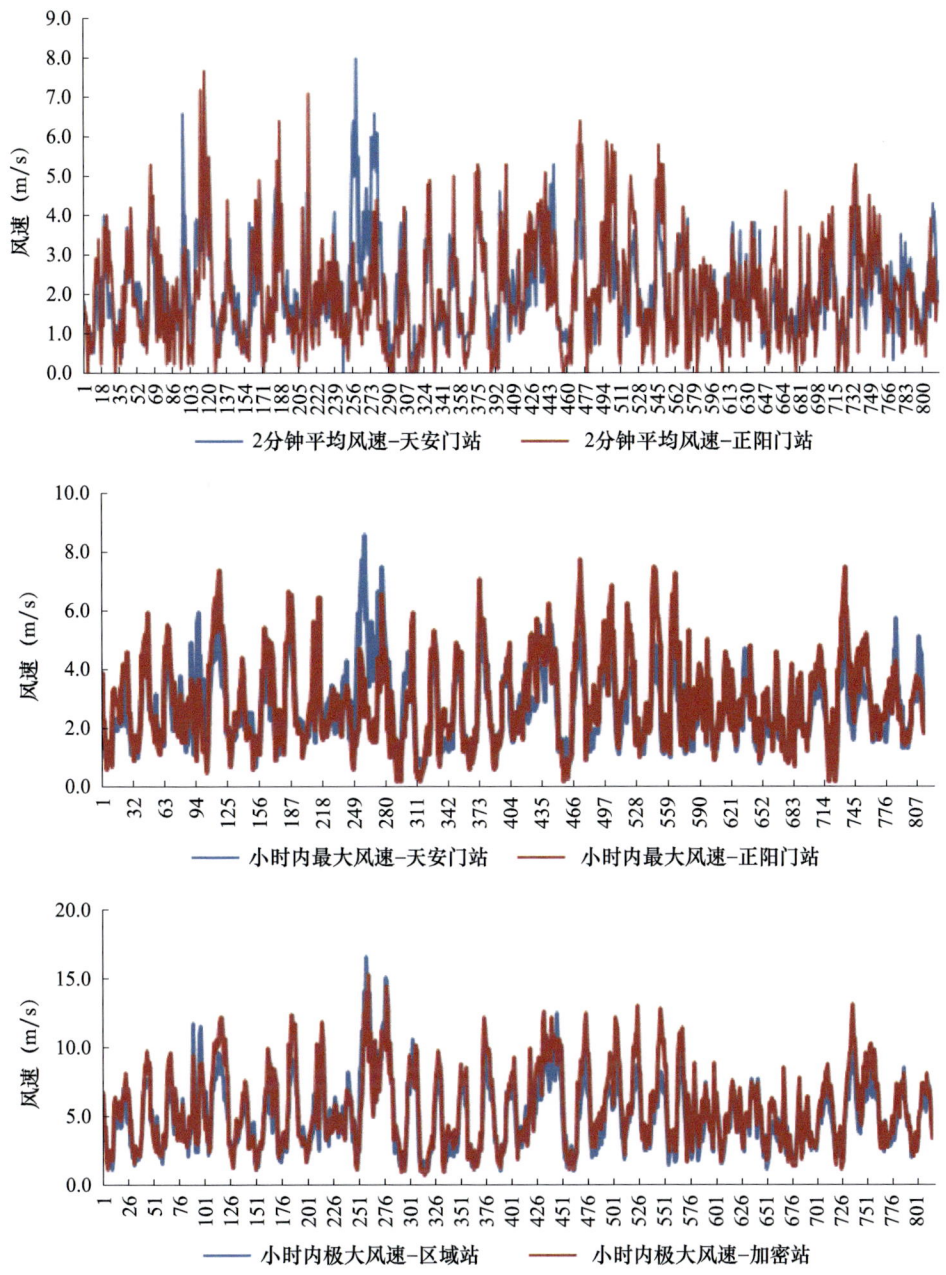

图 4.54　天安门站和正阳门站2分钟平均风速、逐时最大风速和逐时极大风速对比

③正阳门测风雷达观测分析

利用正阳门多普勒激光雷达风廓线观测资料,对广场近地面三维风场进行分析表明(图4.55):通过观察逐个时刻风廓线的观测值与拟合值,在风速较大的条件下,用幂指数拟合效果较好;风速较小或者微风时,拟合效果差;如果低空出现风速急流,拟合效果更差。大风天气影响下,近地层200 m内可出现风速超过32 m/s(12级)的极大风,在100 m以下还可能出

现低空急流;在风速较大时,风切变指数可取值约 0.22。该风切变指数可能适于平均风速推算,对不同高度极大风速的推算并不适用,因此,还需加强长时间的不同高度风速观测。

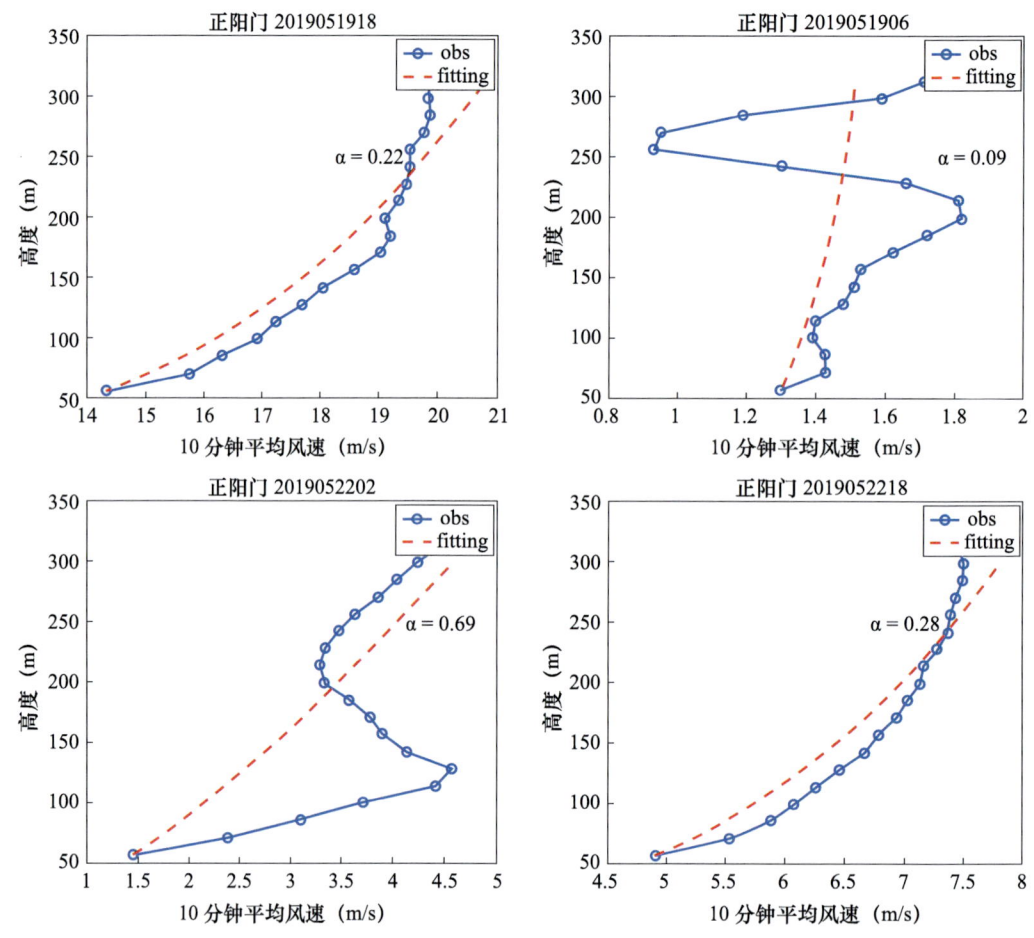

图 4.55　正阳门观测风廓线(obs)与幂指数拟合的曲线(fitting),其中 α 为风切变指数

（4）睿图数值模式产品研发

根据国庆活动保障的要求,北京城市气象研究院研发针对性的模式产品 50 余项,包括指定站点模式探空预报、单点边界层风廓线等,并依据体感温度计算方法,完成了单点体感温度预报时序产品的研发。针对临时大型构建物和烟花燃放需求,开展 50 m 至 200 m 高层的风向风速预报。为满足定点精细服务活动保障需求,研发了能够精细考虑建筑物、植被等复杂下垫面影响的风场诊断、辐射、热力、水汽预报模块以及体感指数诊断模型。

以城市微尺度气象预报系统为例(图 4.56),该系统以睿图 ST 预报场为基础,融入了高分辨率地理信息数据和目标区特种观测资料,获得特定区域 8 km² 范围内 10 m 量级水平分辨率气象要素预报(图 4.57),以及单点时序预报图等。针对重大活动对城市冠层气象要素和专项预报服务产品的需求,综合考虑建筑物、植被和大气稳定度影响的参数化模型,显式分辨复杂下垫面分布。气象要素包括城区特定区域 10 m 量级水平分辨率近地面风、温、湿、辐射温度、热舒适指数、体感指数等。

为了更方便预报员的使用,研发针对不同起报时段的模式预报产品的检验评估(图 4.58)。通过该产品可以快速分析模式产品的稳定性,帮助预报员快速找到最有代表性的起报时次的产品。

第 4 章 典型保障案例

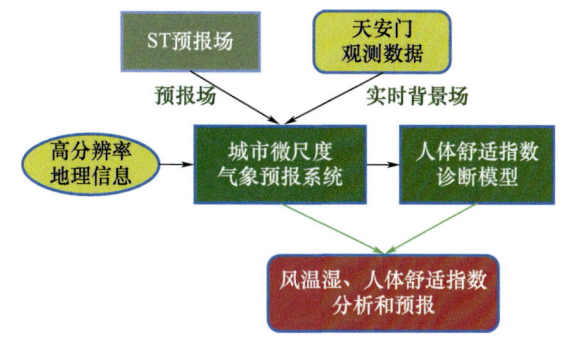

图 4.56 城市微尺度气象预报系统专项活动保障运行流程

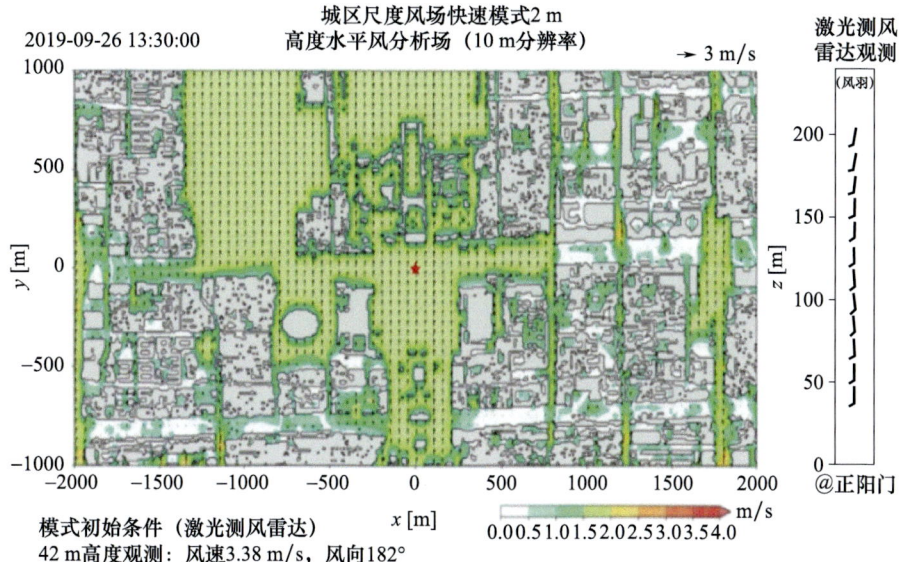

图 4.57 国庆 70 周年活动提供天安门地区 10 m 分辨率的风分析模拟

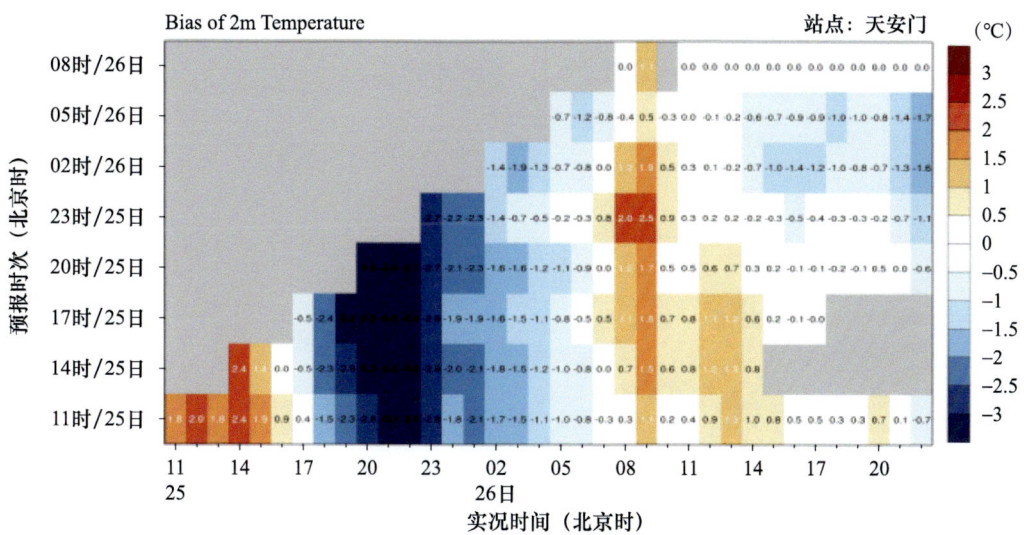

图 4.58 睿图—短期对天安门温度预报偏差时序图

(5)体感温度观测对比试验

气象上观测和预报的温度是指离地 1.5 m 左右百叶箱的大气温度,尽可能地排除了太阳光直接热辐射、地面反射热辐射、空中散射热辐射以及雨水等各类干扰因素,但也因此与人体在日晒、树荫、吹风等各类复杂情况下感受到的温度差异很大。影响人体温度感受的主要因素除了直接接触的气温和湿度之外,主要还有阳光照射、环境烘烤、吹风散热、非空气接触传热等几方面的影响。为了更好提供身体感觉温度的定量认识,气象服务人员选取晴朗少云、太阳直晒条件下开展观测试验(图 4.59)。试验使用铂电阻温度传感器置于头发、塑料座椅和柏油马路表面,进行无遮挡的固体温度观测与百叶箱温度进行对比。试验结果如下。

图 4.59 多种温度对比现场观测环境
(a. 柏油路面;b. 塑料椅面;c. 真发碎发;d. 真发发套;e. 百叶箱外;f. 百叶箱内;g. 太阳辐射)

①观测结果:不同材质在接受太阳辐射后升温幅度不同,但都表现出日出后快速升温和日落后快速降温的特征。在当天百叶箱最高气温 31 ℃的情况下,黑色头发升温最快,中午前后最高气温可达 61 ℃;塑料座椅可达 50 ℃;柏油马路可达 51 ℃。这些气温都明显高于百叶箱测得的最高气温。

②对比观测:塑料椅面温度＞头发温度＞柏油路面温度＞百叶箱外气温＞百叶箱内气温;百叶箱外气温比百叶箱内气温高 5 ℃左右,塑料椅面温度最高,一般比百叶箱内气温高 17~20 ℃,头发温度次之,比百叶箱内气温高 15~18 ℃。

③各项温度与百叶箱内气温的温差,以塑料椅面温度为最大,头发、柏油路面温度次之,百叶箱外气温最小;且最大温差均出现在 12 时 30 分。塑料椅面温度日变化幅度最大,达 36.3 ℃。

④应用情况:上述观测结果为制作气温、体感温度及相关影响性服务材料提供了定量的依据。比如,服务材料有如下相关提示:晴朗少云的白天,百叶箱最高气温在 29 ℃时,体感温度 33 ℃,长时间阳光下曝晒,体感更为炎热,需做好防护;紫外线辐射强,阳光曝晒下,易造成灼热等不适感,体感温度高,人体舒适度下降,建议采取相关防护措施。观礼和集结区参演人员,做好相应的防晒伤、防直晒措施;观礼人员着装提示:长袖、有领、浅色。

⑤服务重点:同等气温条件下,不同体质人群的体感温度存在显著差异,老年人畏寒体质感受到的体感温度显著低于中等体质人群;不同着装时的体感温度也会有显著差别。一般而言,室内气温 28 ℃相对湿度 40%时中等体质人群着短袖单衣的感受为最舒适状态。针对本次活动保障,气象预报员亲身试验百叶箱温度与体感温度的实际差别。通过对比分析试验表明,背对太阳与正对太阳差 4~5 ℃,所以南北观礼台体感有差别。波动很大,最高采集到 44 ℃,最低也在 38 ℃,进入阴凉地迅速到 34 ℃以下。

4.5.1.5　组建气象保障专家团队

针对本次的气象服务保障要求,抽调 41 名优秀预报服务专家,首次成立预报服务联合专家组。预报服务联合专家组建立了日常天气会商和气象服务产品联合发布机制,每日进行技术总结,持续开展精细化预报及评估,针对性地提高关键要素的预报技术。此外,成立了国庆纪念活动保障气象预报服务专班,在筹备期重点负责提前了解活动保障需求,凝练收集关键时间阶段预报要点,形成相关技术手册,结合加密资料积累关键保障区域相关要素预报经验。同时,京津冀和国家级业务科研单位 24 名优秀首席专家组成超强预报阵容,全员参加各类会商和服务保障。为了更准确了解观测站环境,预报员们还多次赴现场察看环境,结合周边地形特点进行精细化订正分析,做好每一次预报服务产品。

4.5.1.6　通过训练积累保障经验

基于北京智能网格预报业务,建立了针对重大活动保障目标区交互式定点精细化预报产品制作模块,以及相应的检验评估模块(图 4.60)。该模块接入的数值模式网格数据包括精细化网格预报、中央气象台指导报、EC 细网格、RMAPS 等多种数值预报模式,每种模式包括降水、温度、风场、湿度、能见度、天气现象等气象要素和预报时次,同时还接入专项研发的客观预报技术产品。预报员可以参考各模式预报产品,对比最近 24 小时各模式与实况的吻合度,可以分时段、分要素调取不同模式预报结论,并根据自己对天气形势的研判进行编辑修订,最终形成服务产品。对于多个地点的预报,还可以进行站点同步,将 A 点的预报结果复制到 B 点,然后根据 B 点的位置和周边环境进行订正预报,提高工作效率。

专班团队提前 2 个月开始针对目标区开展预报训练,每天制作未来 3 天和未来 5 天目标区预报,并开展前一天预报的准确率检验和评估,根据评估结果分析产生预报偏差的原因,积累目标区气象预报经验。根据组委会要求,滚动提供气象要素提前 3 天和提前 5 天的降水、气温、风等检验评估报告,以便组委会客观评估气象部门的预报能力,科学决策。

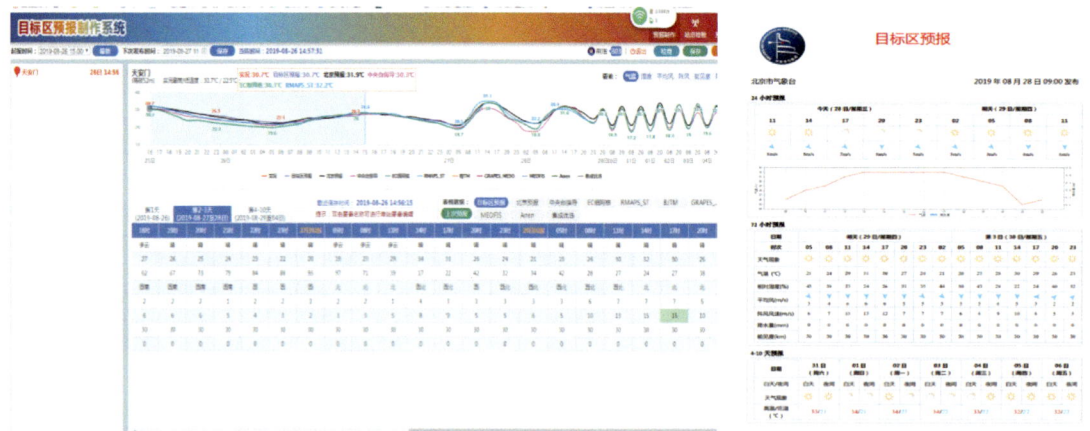

图 4.60　基于北京智能网格预报的目标区天气预报产品制作训练平台及相应产品

4.5.2　演练期气象保障

4.5.2.1　完善演练方案

2018 年 6 月,气象部门就为本次活动的专项工程提供周报、天气情况、雨量和灾害性预警等各类气象信息服务。2019 年 5 月开始,陆续开展房山、昌平、朝阳、大兴等地演练期间气象服务保障,同时也为指挥部在京津冀地区的防风试验提供精细化预报。根据筹备期预报和实况对比评估结果,总结经验,并开展重要天气过程技术总结和复盘,以及历史相似天气过程的对比分析。结合北京的地形特点,不断完善模式预报释用和订正的方法。

国庆 70 周年庆祝活动正式开始前,共开展了 3 次演练活动。气象部门把握演练机会,按照工作方案,提前制作发布预报服务产品。通过演练,不断完善气象服务方案和业务流程。同时,在演练过程中也不断改进预报服务工作。

（1）观测方面：按照加密观测的要求,演练期间进行了高分辨率卫星资料的加密观测,演练过程中改进了资料显示异常问题。通过第一次演练,正阳门激光雷达风的显示对于垂直观测具有重要的参考价值,并及时对资料的实时显示方式进行了改进和优化。

通过对气象应急车和天安门站温度的时序分析(图 4.61),发现白天气象应急车较天安门站偏高 1～2 ℃,夜间偏低。由于气象应急指挥车更接近天安门观礼台,在实况温度的代表意义上参考价值更大。在后续预报服务中,将更加关注气象应急车温度实况,及时订正温度预报,提供更精准的气象信息。同时,现场服务人员将气象应急指挥车所在位置的周边环境影响反馈给后方团队,经过综合研判发现气象应急指挥车的风速要明显偏小,风速订正时需要重点关注。

（2）预报方面：演练过程中,加强了各种预报产品在实际应用中的订正效果。针对相对湿度、风向风速等均积累了订正单点的预报经验。如：中央气象台研发的基于 EC 多方法动态集成网格预报产品,最高气温预报效果较好,最低气温预报偏低 2～3 ℃(图 4.62)。

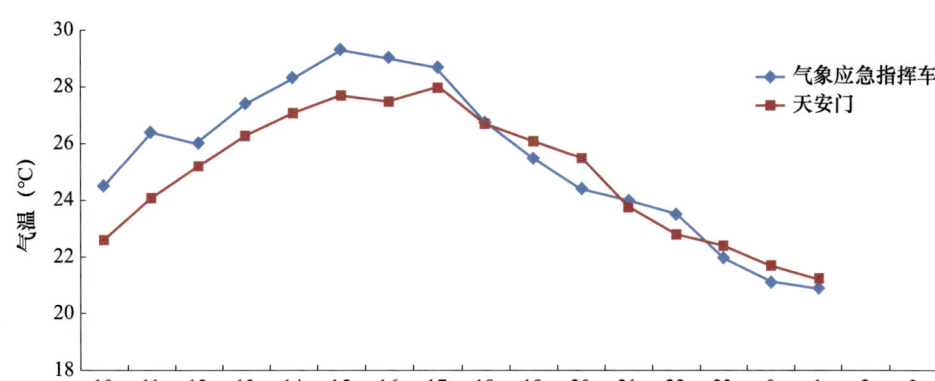

图 4.61　气象应急指挥车和天安门自动站温度对比分析

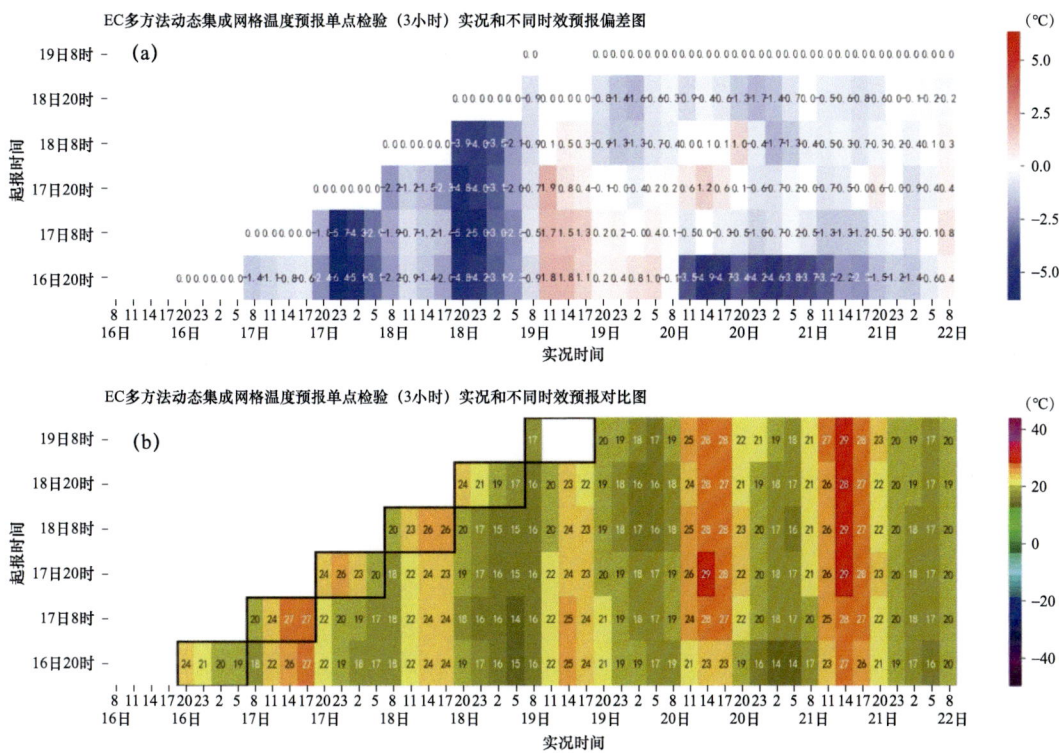

图 4.62　EC 多方法动态集成网格温度预报单点检验
(a. 偏差图,b. 实况对比)

(3)服务方面:现场服务人员根据服务用户的信息反馈,为了提高气象服务效果,在气象服务专报中增加体感温度预报;同时,演练过程中测试了现场办公设备,完善了与后方专家团队的会商机制。

(4)人员方面:通过演练提出信息沟通的效率问题,在突发或应急情况下沟通的方式,以便信息的及时传达和落实。同时,演练过程中也及时解决了人员的安排,证件的办理等问题。

4.5.2.2 活动试验保障

根据国庆 70 周年活动安排以及庆祝活动要求,需要了解不同高度(0 m、20 m、50 m、100 m、200 m)处的风力风向对活动的影响,需要进行抗风淋雨试验。气象部门在华北地区选取大风试验点及大风出现时间上提供了气象保障,在与属地气象部门会商基础上,及时提供了预报服务产品。如,6 月 18 日黄骅港的大风天气过程,气象台提前 10 天告知指挥部大风发生的时间和地点,试验前一天与沧州市气象台进行了会商,发布逐小时精细化气象服务产品,锁定大风出现的具体时间,为指挥部开展抗风试验提供了精细化专项保障。根据联欢烟花表演部要求自 3 月 19 日起,每日为首钢大装置试验基地提供天气预报服务,在重大天气过程中及时进行气象风险提醒。

4.5.2.3 演练小结

国庆期间处于北京秋季,大气环流的转换期,冷空气活动逐渐频繁,且冷空气势力也逐渐加强。总之,三次演练和正式活动期间的气象信息均提前做出了精准细致的预报,为演练活动顺利开展和庆祝活动的精彩呈现提供了可靠的保障。前期的气象保障工作也为正式运行保障打下基础:一是国庆保障运行指挥部客观评价气象预报能力;通过每天开展针对第三天、第五天的天气预报及相应的检验评估,为庆祝活动指挥部了解天气预报的准确率,开展更加科学的决策提供支撑。二是指挥部初步建立气象风险阈值开展风险服务;气象部门在京津冀范围内"寻风觅雨",为指挥部寻找试验条件做好了保障。三是气象保障"战时"联动机制更加高效;通过前期的气象保障工作,加强了与指挥部的磨合,气象信息深度融入国庆保障决策指挥体系。

4.5.3 正式运行保障

4.5.3.1 立足于"早",科学分析庆祝活动期间气候背景和高影响天气风险

早评估,开展天安门地区庆祝活动期间气候资料统计分析,研究极端天气风险及主要影响。参与编写庆祝活动期间极端天气应对总体工作方案,提前给出极端天气风险描述及主要影响。

早建议,完成气象灾害风险评估与管控表、天气风险对各行业各部门影响建议等决策材料,根据不同部门对天气风险的需求,向相关指挥部和有关部门提交风险评估材料,针对性地开展决策气象服务。协助各指挥部做好高影响天气风险应对及控制预案。

早准备,制作《国庆 70 周年庆祝活动气象保障服务预报技术手册》,针对关键点位历史气象条件和气象风险进行分析,提出关注高影响天气预报技术难点和着眼点,并围绕国庆气象保障服务对预报团队进行有针对性的技术培训。

早服务,在活动筹备以来,持续为群众游行和联欢各方阵的日常训练、设备设施的防风抗雨测试等提供逐 12 小时、逐 3 小时和逐小时的预报信息和现场服务。陆续开展房山、昌平、朝阳、大兴等地演练期间气象服务保障。

4.5.3.2 立足于"密",开展全方位全天候加密观测系统,为精准预报提供支撑

根据活动对风的特殊需求,在核心区新建 6 个风场观测站和 1 部 20~800 m 低空激光测

风雷达。开展百叶箱气温、室外曝晒下塑料椅面温度、头发温度、柏油马路温度的5分钟频次对比观测试验。启动卫星、地面、周边雷达加密观测,实现风云四号气象卫星中国区5分钟卫星观测数据的应用;北京南郊观象台、河北邢台和张家口等气象站早已开展气象加密探空观测;京津冀三地气象观测站开展逐3小时云量、云高人工加密地面观测;京津冀晋天气雷达开展组网6分钟加密观测。气象应急观测车和专业人员赴现场开展现场气象要素、实景观测。

应用成熟的高科技监测预报方法,在核心区新建6个风场观测站和1部20~800 m低空激光测风雷达,同时启动京津冀地区加密观测网,为精准预报服务提高科技内涵。充分发挥市气象局睿图中尺度数值模式技术优势,研发了天安门地区10 m分辨率地面风实况分析产品、未来12小时云量、云高、能见度、垂直风等要素预报产品;针对临时大型构建物和烟花燃放需求,开展50~200 m高层的风向风速"立体式"预报服务。基于北京智能网格预报业务,建成核心区天气预报产品制作及评估平台,开展预报能力的训练和准确率评估,积累保障经验。风云卫星、高分卫星、多普勒雷达、风廓线雷达等现代化观测设备,睿图系列数值预报系统、多源融合实况分析业务产品、自主研发的体感温度产品等新产品,都在服务中经历实战检验。

4.5.3.3　立足于"专",高效发挥专家团队作用,为精准预报提供智力支持

由41名优秀预报专家组成专家组,高频次加密会商、精细化分析研判,开展各类天气、气候、环境气象会商。从国家级业务科研单位和京津冀气象部门抽调的优秀首席专家,组成预报团队。8月26日起,专家团队驻场北京市气象局业务值班,根据国庆气象保障会商倒排期全员参加各类会商和服务保障。同时,加强与生态环境方面的联合会商分析研判,并派出预报首席多次参加现场会商,研判大气污染扩散气象条件分析。开展了空中梯队的专项保障,提前预报活动当天基准航线3~5成低云,云高1500~2000 m;低空能见度1.5~2 km(局地1~1.5 km,东部),09时后2~4 km,11时后4~6 km,13时后6~8 km,预报与实况基本吻合。天气符合条件,对空中梯队出动无影响。

4.5.3.4　立足于"精",充分运用气象现代化成果,为精准预报增加科技内涵

研发了10 m分辨率地面风实况分析产品、未来12小时云量、云高、能见度、垂直风等要素的模式支撑产品。北京市气象局睿图数值预报模式3小时循环预报系统提供北京地区1 km分辨率实况分析产品、0~72小时3 km分辨率的10 m风、气温、降水、形势场等客观要素预报产品。针对临时大型构建物和烟花燃放需求,开展50~200 m高层的风向风速预报。研发重大活动气象保障专题可视化模块,实现天安门地区多种关键天气要素实况和模式预报产品的集中可视化和对比分析所关注的各类要素叠加剖面显示分析。

4.5.3.5　立足于"准",准确的气象预报结论为庆祝活动保驾护航

预报专家团队持续开展精细化预报及评估,每日进行技术总结,针对性地提高关键要素的预报技术。在关键节点,加强与中央气象台的联合会商,根据演练和正式活动对天气预报精准度的要求,预报专家团队把每次演练作为实战,三次演练均准确预报了天空状况、能见度和气温的日变化,以及风力大小和风向转变时间。针对庆祝活动特殊装置气象保障要求,提前两个月,每天制作未来3天和未来5天的逐小时预报,并进行检验和评估。其中,9月中旬提前3天和提前5天逐时温度预报的准确率分别达到95.8%和87.5%,逐小时阵风风力等级预报平均准确率达到92.2%。总之,三次演练和正式活动期间的气象信息均提前做出了精准细致的

预报,为演练活动顺利开展和庆祝活动的精彩呈现提供了可靠的保障。

4.5.4 气象保障创新点

4.5.4.1 创新科学管理,形成"集中指挥,全方位保障"的思路

庆祝活动气象保障点多面广,需要同时为城市安全运行部门和庆祝活动指挥部提供重大活动保障决策气象信息,任何一个环节的差错都会造成重大影响。通过完善庆祝活动气象保障方案,细化和完善沟通机制和服务保障流程,明确了各级气象部门的任务、责任、要求、协同规定等环节。在北京市气象局设前线指挥部,依托驻场专家团队,统一制作发布天气会商结论,确保各级气象部门协调一致,实现上下级以一个统一的预报结论对外发布,充分体现气象保障"一盘棋"的思想。

4.5.4.2 创新技术体系,示范带动促进日常整体业务能力提升

气象部门将北京周边省份气象现代化的建设成果有效应用于庆祝活动的气象服务保障。风云卫星、高分卫星、多普勒雷达、风廓线雷达的精细化立体加密观测,为庆祝活动严密监视天气提供有力保障。北京市气象局的睿图系列数值模式在精细化预报、空气质量预报和不同高度风预报方面提供了科学方法。基于北京相对成熟的智能网格预报业务体系,开展重大活动气象服务应用研究,积极探索将智能网格预报贯穿于天气监测分析和预报服务的全业务流程,为庆祝活动气象保障提供更加丰富、更加精细化的气象服务产品,整体提升气象服务的精细化和针对性。

4.5.4.3 创新会商机制,部门内外合力保障预报精准

由国家级业务科研单位和京津冀气象部门抽调24名优秀首席专家组建国庆专班,提前一个多月驻场北京市气象局,全员参加各类会商和服务保障。首次成立预报服务联合专家组,高频次加密会商、精细化分析研判,开展各类天气、气候、环境气象会商,为目标区精准预报提供强有力支撑。同时,加强与生态环境部门联合会商分析研判,并派出预报首席多次参加现场会商,研判大气污染扩散气象条件分析。

4.5.5 取得的预期成效

4.5.5.1 气象服务保障准确及时、主动高效

偏差率评估分析显示,9月中旬提前3天和提前5天核心区逐时温度预报的准确率分别为95.8%和87.5%;逐小时阵风风力等级预报平均准确率为92.2%。针对庆祝活动保障的三次演练,准确预报了天空状况、能见度和气温的日变化,以及风力大小和风向转变时间。提前5天做出了正式活动期间精准细致的预报,提前48小时逐小时晴雨预报准确率100%,气温预报准确率95.8%,风向预报基本与实况吻合。总的来看,庆祝活动气象条件预报的提前量、精细化和准确性都非常高,为保障服务工作圆满成功奠定了坚实的基础。

4.5.5.2 气象保障工作获得多方肯定

庆祝活动气象服务保障工作取得圆满成功,获得中央领导、中国气象局以及地方政府相关

领导的充分肯定,充分体现"准确、及时、创新、奉献"的精神。相关领导对气象部门的保障工作给予肯定:高质量完成空气质量和气象服务等综合服务保障任务,做出了突出贡献;称赞气象工作者是"幕后的无名英雄"。同时,高水平气象服务保障工作,获得多家组织机构感谢信或致谢函。气象部门多人获得北京市服务保障先进个人称号。

4.5.5.3 气象部门的精神风貌鼓舞人心

气象部门各国家级业务单位、京津冀气象部门和周边的其他省(区、市)气象部门,密切配合,高效有序地推动庆祝活动气象保障服务工作。参与保障全体人员满怀崇高的使命感和强烈的责任感,用最饱满热情的工作态度,全力以赴、精诚协作、攻坚克难、连续作战、敢于担当,以细致、精致、极致的敬业精神,"从最不利的条件入手,投入最大的力量,争取最好的结果",为新中国成立70周年献上了一份厚礼。庆祝活动的宝贵精神财富转化为干事创业的强大动力,进一步锻炼了干部队伍,为准确、及时、创新、奉献的气象精神注入了新的内涵。同时,也为开展北京2022年冬奥会等重大活动保障工作提供强大的精神动力。

4.5.6 小结与讨论

新中国成立70周年庆祝活动与历届相比,级别更高、活动更多、规模更大、周期更长、要求更严。国庆时段是秋季,北京的大气环流处在夏季环流向冬季环流的转换期,天气系统复杂多变,冷暖空气势均力敌且活动频繁,对于天气预报而言,难度非常大。加上预报服务精细化要求高,对定时、定点、定量的预报服务要求更高;甚至有些预报要素不是日常预报基础业务产品。如,高空风在观测数据、预报经验和手段上相对匮乏。庆祝活动对各类天气敏感性更强,需根据不同需求提供不同关注点及服务提示;提前预报,时间跨度长,天气系统变化多端,预报服务难度大。

国庆70周年庆祝活动气象服务保障期间,气象部门充分应用风云卫星、高分卫星、多普勒雷达、风廓线雷达等精细化立体加密观测,以及北京睿图数值模式系列精细化产品等气象现代化成果,集全部门之力,聚专家之智,为庆祝活动严密监视天气和精准预报提供有力保障。气象部门各国家级业务单位、京津冀和周边省(区、市)气象部门,密切配合,高效联动,积极参与庆祝活动气象服务保障工作。国家级气象业务单位、天津市气象局和河北省气象局等单位首席预报员组成的专家团队,驻场工作,并强化联合大会商,针对庆祝活动服务的高标准和高要求,突破常规业务,预报精细、服务精致、发布统一。国家级气象业务单位、北京周边省(市)气象部门数千名气象工作者全力以赴、精诚合作、连续作战,创造了重大活动气象服务保障的新辉煌。充分展示了气象现代化的优异成绩,充分展示了气象管理体制的优越性,展示了"准确、及时、创新、奉献"的气象精神。

本节仅仅回顾国庆70周年庆祝活动的前线指挥部部分现场气象保障场景,庆祝活动气象保障点多面广,各国家级气象业务单位针对本次活动开展的关键技术研究和应用情况并未完全呈现。如中央气象台从模式、精细化预报、概率分析、航空保障、环境预报、业务平台等方面开展技术研发,并从会商指导、人员保障方面投入大量的工作;国家卫星气象中心开展了加密卫星资料在重大活动气象保障中的应用等。下一步,需要进一步挖掘重大活动气象保障的需求,梳理关键技术,固化工作流程的核心服务产品的应用,真正发挥科技支撑在重大活动气象保障中的效用。

4.6　北京 2022 年冬季奥运会气象保障

北京 2022 年冬奥会和冬残奥会是中国第一次举办冬季奥运会。北京 2022 年冬奥会于 2022 年 2 月 4 日开幕,2 月 20 日闭幕;共设 7 个大项,15 个分项,109 个小项。北京赛区承办所有的冰上项目和自由式滑雪大跳台,延庆赛区承办雪车、雪橇及高山滑雪项目,张家口赛区承办除雪车、雪橇、高山滑雪和自由式滑雪大跳台之外的所有雪上项目。2022 年北京冬季残奥会,于 2022 年 3 月 4 日开幕,3 月 13 日闭幕;冬季残奥会共设 6 个大项,78 个小项。北京赛区承办所有的冰上项目,延庆赛区和张家口赛区承办所有的雪上项目。

北京 2022 年冬奥气象保障工作是一项庞大的系统性工程,主要分为申办期、筹办期、举办期和总结期四个关键阶段(图 4.63)。2015 年冬奥会申办成功之后,气象部门马上进入筹办期,开展气象保障各种筹备工作。筹办期长达 6 年,经历了赛场建设施工安全度汛、国际单项雪联实地考察、"相约北京"系列冬季体育赛事(以下简称测试赛)等一系列活动气象保障。

本节按照重大活动保障工作流程,简要回顾北京 2022 年冬奥会筹备期、演练期及运行保障期和评估总结期不同阶段气象部门主要开展的工作,力求全景呈现冬奥会气象保障业务流程和场景,为后期重大活动气象保障工作做好经验积累和借鉴。

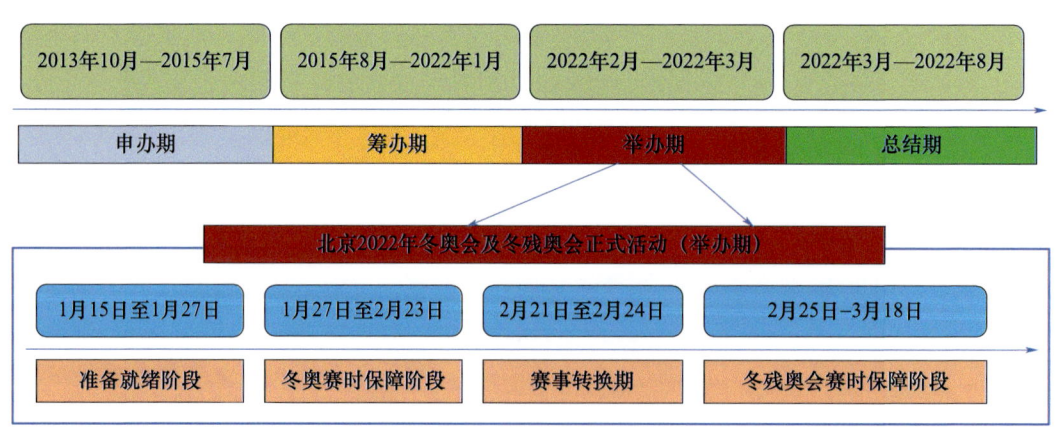

图 4.63　2022 年北京冬奥会气象保障的不同阶段

4.6.1　筹备期

4.6.1.1　气象服务需求调研分析

(1)冬奥气象保障面临巨大挑战

北京冬奥会是奥运历史上第一次在大陆性冬季风气候条件下举办的冬奥会,举办期间更容易受到低温、大风等天气影响,加之延庆赛区、张家口赛区山地地形复杂、局地天气变化大,北京冬奥会气象保障服务难度超过历届冬奥会。总的来说,北京冬奥会气象保障面临的挑战主要聚焦在三方面:

一是精密观测方面,赛区核心观测数据几近空白,获取反映山地三维大气特征精密观测数据的难度前所未有。按照国际惯例需提前5年开展赛场环境气象条件观测,延庆赛区气象观测几乎空白,对于赛道气象要素垂直变化特征的经验积累处于空白。加之,赛场周边地形复杂,没水、没电、没路、没网的恶劣自然条件,对气象观测设备布局、建设、运维,以及海量多尺度、多要素精密观测数据的实时应用都提出巨大挑战。

二是精准预报方面,复杂地形下山地微尺度的精准预报难度前所未有,山地微尺度精准预报技术是国际难题,科技攻关几乎没有可借鉴的经验。赛区经常出现"一山有四季,十里不同天"的现象,用天气学原理无法解释,数值模式无参考。按照北京冬奥组委的要求,气象预报要做到"百米级、分钟级"、0~10天时效、三个赛区全覆盖,时空精细度和预报时效需求达到冬奥历史之最,远高于近几届冬奥会公里级、5天时效的标准。此外,除了常规气象要素外,阵风、能见度、降水相态、雪面温度等特殊要素预报需求多。

三是精细服务方面,没有可以借鉴的经验,冬季赛事精细服务保障难度前所未有。北京冬奥会在大陆性冬季季风主导的气候条件下举办,天气气候特征、气象保障侧重点与历届冬奥会相比存在差异。我国冰雪运动起步较晚,冬季国际体育赛事气象保障经验严重不足。不同赛事对适宜比赛的天气条件要求不一样,什么样的气象条件,以及气象条件达到什么程度,比赛必须推迟或者取消,精细服务挑战极大。

(2)面向不同用户开展需求分析

为了充分了解冬季冰雪运动气象服务需求,为冬奥会的成功举办提供更加丰富、更有针对性的气象服务,北京市气象局2016年成立调研组,通过文献调研、部门座谈、现场考察等方式对冬奥会气象服务需求进行深入分析。分批次开展国际合作考察调研,总结分析2010年加拿大温哥华、2014年俄罗斯索契、2018年韩国平昌冬奥会开展情况,包括整体组织架构、气象服务需求、关键技术研究、团队建设等。同时,围绕气象保障需求开展一系列前期筹备工作。总体来说,冬奥会需求来源主要包括:

①国际奥委会

根据《2022年第24届冬季奥林匹克运动会主办城市合同义务细则》,国际奥林匹克委员会(简称国际奥委会,IOC)对于主办城市各室外竞赛项目场馆天气数据有具体要求,包括气象站设立的时间、气象数据格式、观测和预报数据更新频次等。因此,需要提前开展场馆周边自动气象站的建设,保障气象资料的时间长度、更新频次、数据质量满足国际奥委会的要求。

②北京冬奥组委

北京冬奥组委需求涉及"竞赛、备赛、观赛"的各方面,贯穿于冬奥保障的全过程。包括冬奥场馆规划建设的历史气候条件和风险评估、国际奥委会的前期考察、各单项赛事专业化服务、开闭幕式关键节点气象服务等需求。按照历届冬奥会保障情况,冬奥会期间天气预报服务主要依靠在赛场周边的驻场气象办公室提供,每个户外竞赛场馆都对现场服务提出需求,包括天气预报服务产品涉及气象要素、预报时效、时间分辨率、空间分辨率、发布频次等。为架设北京冬奥组委和气象部门之间的冬奥气象服务保障联络协调,应北京冬奥组委要求,中国气象局派驻了冬奥气象服务保障首席气象联络官和联络员。北京市、河北省气象局应属地政府要求,派驻相关人员参与冬奥组织工作。

③专项气象保障

冬奥会专项保障涉及奥运火炬传递、开(闭)幕式活动、雪场运维、出行交通、直升机紧急救援等。针对非常规专项保障项目,如雪场运维、直升机紧急救援等项目,需要开展细致专题研究,研发气象专项技术,支撑影响预报和风险预警的开展。

④城市安全运行

冬奥期间北京城区、延庆赛区、张家口赛区场馆周边的城市生命线系统(供电、供水、供暖、通信等)等气象服务,提供包括扫雪铲冰、极端低温和覆冰条件下电力输送等专项气象预报;加强气象灾害及衍生灾害气象服务保障,以及突发事件应急气象服务支撑。

⑤公众气象服务

公众对气象服务需求集中在赛场天气预报、北京及周边城市景点预报、冬奥交通出行,以及便捷的气象信息获取等方面。由于雪上项目观赛席设在室外,与观赛效果相关的天空状况、太阳光照、能见度、穿衣指数等都将成为关注的重点。同时,考虑到全球观众,冬奥期间还需要结合国际赛事的特点提供多语言服务。

4.6.1.2 气候背景分析与气象灾害风险评估

(1)气候背景分析

2013年北京冬奥会申办期间,气象部门即组织开展延庆、崇礼气候特征及滑雪适宜性分析、冬奥会期间高影响天气风险分析,在延庆和张家口赛区建设气象观测站,为成功申办北京冬奥会提供翔实科学的气象依据。2015年北京申奥成功后,气象部门进一步加强与北京冬奥组委沟通对接,第一时间启动冬奥会气象保障服务筹备工作,每年为国际奥委会提供气候分析报告。

①申办期气候背景分析

针对延庆赛区前期资料缺乏等问题,气象部门应用山地气象理论,科学模拟了海陀山区气候特征,创新性提出适于启动造雪和适宜持续开展冰雪运动的"结冰期"概念。通过开展赛区气温条件、积雪深度和风力推算,完成2022年冬奥会申办地北京延庆、河北崇礼气候条件分析。分析表明,赛事期间(2月4日至3月13日),北京延庆、河北崇礼气象条件适宜雪上赛事的举行。从长期气候变化趋势分析来看,华北地区未来几年冬季呈变冷变湿趋势,这更有利于冬奥会雪上项目比赛。气候结论为北京2022年冬奥会申报提供决策参考。

②火炬传递气候背景分析

利用30年资料,对全国范围(按省、区、市)内11月21日至3月5日逐候对12项户外活动有较大影响的气候要素及强降雨、高温、严寒、台风等气象灾害进行了全面分析,并通过火炬传递期间各地气候条件的利弊分析,制作发布火炬接力传递同期气候背景分析,为冬奥组委确定火炬传递路线提供了科学依据。举办期间,开展了火炬传递气候背景分析,针对圣火采集点位、火炬传递点位、各站点接力日期的前后5天内的最低气温、大风、降水和低能见度等高影响天气出现概率及极值进行分析。

③场馆建设规划的气候背景分析

针对场馆布局及路线规划提供气候可行性论证。比如,以延庆赛区西大庄科站气象数据为基础,开展了赛区11月—翌年3月温度、辐射、风等要素分析及有关建议,为国家雪车雪橇场馆选址提供决策建议。以北京城区奥体中心为代表站,分析了赛事期间的气温、露点等气象要素特征,为北京赛区冰壶场馆的选址提供气象支撑。

④赛区造雪窗口期气象条件分析

通过统计分析赛区各代表站点的气象观测数据,参照国外造雪气象条件研究成果,推算出赛区冬季可以或适宜造雪的窗口期,并对窗口期内每日可以或适宜造雪的时次进行深入研究,发布赛区造雪窗口期气象条件分析等决策报告,为赛区开展雪务工作提供技术参考。

(2)气象风险评估

①赛区气象条件及气象风险分析

气象部门连续6年向国际奥委会提供赛区天气风险分析报告,为赛道设计、场馆和缆车等基础设施建设,以及确定最佳比赛时段、完赛日期、运动员参赛准备等提供重要依据。根据冬奥组委的要求,气象条件和气象风险分析报告包括对北京、延庆、张家口三个赛区的气候特点和高影响天气概率分析,各场馆周边精细天气资料分析(逐时)及对赛事的气象风险分析。

②赛区极端高温(融雪风险)分析

针对冬奥期间可能出现的极端高温,从而导致融雪的风险,充分把握测试赛演练的机会,利用测试赛期间赛区历史极端高温,分析了测试赛开赛以来赛区竞速站点气温突破历史极值情况,基于高温强度和频次分析了测试赛期间高温风险,并讨论了沙尘沉降对融雪的可能影响。连续4年开展"季节-月-延伸期"递进式全流程滚动冬(残)奥气候预测、北京和延庆赛区造雪窗口期气象条件分析和极端高温融雪风险分析。

③索道建设大风风险分析

根据索道建设方的需求,分析冬奥会和冬残奥会期间白天时段(08至18时)的赛道周边自动站极大风速大于20 m/s的出现概率情况,提供索道建设方需要的大风风险分析报告。

④赛道防风网建设气象评估

国际奥委会和国际雪联表示风是北京冬奥会雪上场馆需要考虑的关键因素。随着部分场馆防风网陆续列入建设计划,防风网防风效果如何,在不同天气形势下表现如何,赛事运行团队以及中国国家队均提出了相关分析评估需求。北京、河北气象部门联合清华大学制作发布冬奥赛区精细化风场模拟评估研究报告。

⑤开闭幕式活动气候风险评估:冬奥会开闭幕式是最为关键的环节,气象部门针对国家体育场及周边天气开展多时间尺度、多要素气候风险评估,包括开闭幕式气候风险评估报告、极端天气(高影响天气)对开闭幕式的影响分析和应对措施报告等。同时,气象部门针对开闭幕式滚动开展气候预测会商,为开闭幕式提供气候预测服务产品。

(3)建立气象风险阈值指标

当预报气象条件达到或突破某个阈值时,冬奥比赛项目将采取推迟、提前、延期、取消等调整措施。因此,精准预报和气象风险阈值成为仲裁委员会决策的重要依据。冬奥现场气象服务团队针对高山滑雪、雪车雪橇、跳台滑雪、越野滑雪、冬季两项、自由式/单板等冬奥体育比赛活动建立了本地的气象风险阈值指标,为开展气象影响预报和风险预警提供支撑。表4.6以高山滑雪项目为例,给出了历届冬奥会经验积累形成的气象风险影响指标。

表4.6 历届冬奥会高山滑雪气象阈值指标(高山速滑、小回转障碍滑雪和大回转障碍滑雪)

阈值指标	过去24 h新增积雪深度	风速	能见度	降水	风寒效应
临界阈值	积雪深度大于30 cm	平均风速超过17 m/s或者阵风风速大于17 m/s	赛道全程低于20 m	6小时内出现15 mm降水	低于-25 ℃
重要决策点	积雪深度介于15到30 cm	平均风速在11 m/s到17 m/s	部分赛道段在20 m以下	出现混合性降水	

续表

阈值指标	过去24 h新增积雪深度	风速	能见度	降水	风寒效应
需要考虑的条件	积雪深度5 cm或2小时内达到2 cm	阵风风速在14 m/s到17 m/s	大于20 m，但赛道全程或部分赛道段在50 m以下		

4.6.1.3　气象服务方案编制

(1)制定冬奥保障工作方案

根据冬奥气象保障总体要求，气象部门制定冬奥工作保障方案和赛时运行方案，并根据测试演练工作不断完善。北京、河北两地强化组织管理，分别制定本地赛时总体工作方案、专项方案、应急预案，以及风险防范清单、服务需求清单等。加强三级（国家级、市级、区级）大后方保障团队与分管局领导带队现场协同保障，并由纪检组全程跟进督导。冬奥会期间提前一周启动特别工作状态，每天报送日和周工作简报，特别工作状态持续时间50余天。

(2)建立冬奥赛时指挥体系

2016年7月，气象部门成立冬奥气象服务工作领导小组，制定气象服务筹备工作方案，举全部门之力投入北京冬奥会气象服务筹备工作中。北京、河北分别作为两地冬奥会领导小组成员单位，全面融入地方冬奥会筹办工作。2017年6月，中国气象局组建成立冬奥气象中心，承担北京2022年冬奥会和冬残奥会筹备和举办期间的气象服务工作。2018年，中国气象局成为第24届冬奥会工作领导小组成员单位。2020年10月，经第24届冬奥会工作领导小组批准组建了由中国气象局主要领导、北京冬奥组委、北京市政府、河北省政府等领导同志共同担任组长的北京冬奥会气象服务协调小组，建立了跨地区、跨部门、跨行业的协调机制。2021年9月29日，北京冬奥会气象服务协调小组成员单位制定并联合印发赛时气象保障服务运行指挥实施方案，建立了职责清晰、指挥有力、协调高效、运行流畅的赛时运行指挥机制。

4.6.1.4　业务系统建设

结合北京2022年冬奥重大活动气象服务需求，完成对信息网络的升级优化和冬奥核心业务系统建设，针对观测、预报、服务薄弱环节开展技术攻关，并适时组织测试和磨合，特别是通过冬奥测试赛演练不断优化、完善业务系统。

(1)建成相较历届冬奥会更为完善精密的气象观测系统

勇闯"无人区"，以北京冬奥会场为核心，在北京、延庆和张家口3个赛区及周边共建设各种现代立体气象探测设施441套，建成延庆海陀山和张家口康保新一代天气雷达，实现了超精密复杂山地和超大城市一体化的"三维、秒级、多要素"冬奥气象立体监测体系布局。针对延庆和张家口赛区低温天气，研发和布设加热融雪和超声波气象观测设备，全面保障赛时极寒天气下气象观测设备安全稳定运行。图4.64为北京赛区和延庆赛区的站点布设示意图，自动站最高为S1站，海拔高度2194 m。以延庆赛区为例，2014年启动建设4套自动气象站，为冬奥会申办提供数据支撑；2017年开始全面建设赛区梯度观测系统，构建覆盖赛区50 km范围内的中、小、微尺度的综合观测网。冬奥正式比赛期间基本确定了各赛道起点、中点和终点的地面代表站情况。期间，根据冬奥测试赛需求不断优化观测布局和观测要素，包括解决极寒天气下观测设备正常运行问题和垂直气象要素观测的问题。从观测数据一片空白，经历人背马驮，到首次在我国中纬度山区复杂地形下实施冬季多维度气象综合观测，山地精密气象观测技术取得长足进步。

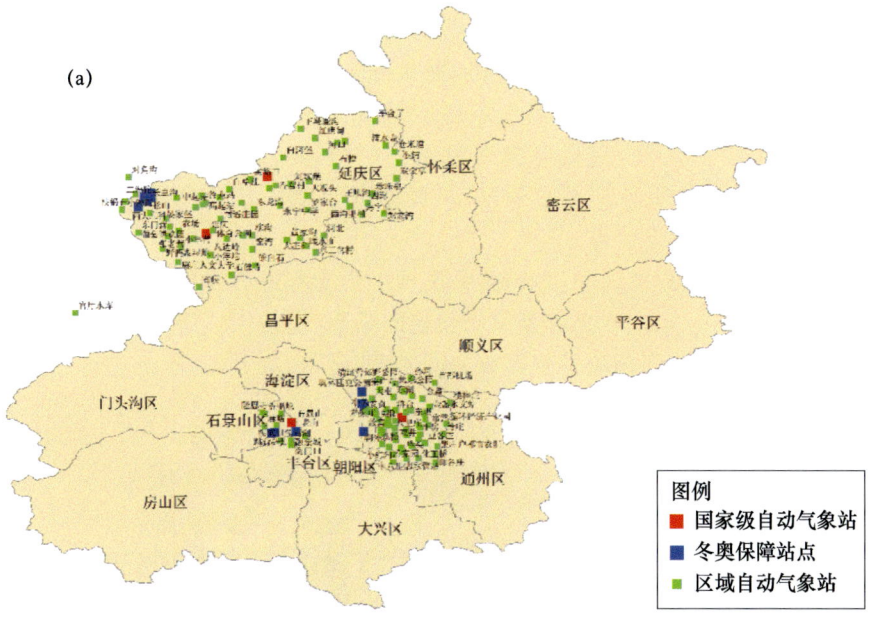

图 4.64 北京冬奥会赛区及场馆周边地面气象观测系统
(a. 北京赛区和延庆赛区自动站总体分布；b. 以延庆赛区为例结合赛道的站点分布)

(2) 建成冬奥现场气象服务七大核心业务系统

冬奥会天气预报服务主要依靠三大赛区的现场气象服务团队提供，每个户外竞赛场馆,按照"一场一策""一项一策",每条赛道配备 2 名预报服务人员,代表气象部门开展现场服务。为做好冬奥气象服务,气象部门建设完成了支撑冬奥现场气象服务的七大核心业务系统,分别为:多维度冬奥预报系统、冬奥现场气象服务、冬奥气象综合可视化、冬奥流程实时监控、冬奥智慧气象 APP、冬奥航空气象服务、智慧冬奥 2022 天气预报示范计划集成显示。实现"统一开发、京冀互备、三地共用",以及"云＋端"部署的冬奥核心业务系统,毫秒级数据响应,支撑三地多赛区应用,有效提升预报服务精细化、智能化、集约化水平。北京冬奥会首次实现 ODF、C49 等冬奥专用气象信息报告的全自动化,实时服务国际奥委会等"奥运大家庭"8 类用户。此外,建成冬奥气象服务网站、冬奥气候风险评估和气候预测系统、冬奥公路交通专项气象服务产品及系统、冬奥雪务专项气象风险评估系统等业务系统,全面保障冬奥各项业务。

其中,冬奥七大核心业务系统中,多维度冬奥预报系统和冬奥现场服务系统承担着三个赛区现场服务团队制作发布产品、现场解读天气预报的任务,也是气象服务人员开展冬奥现场预报服务必备的工具。总体功能模块及数据流如图 4.65 所示。

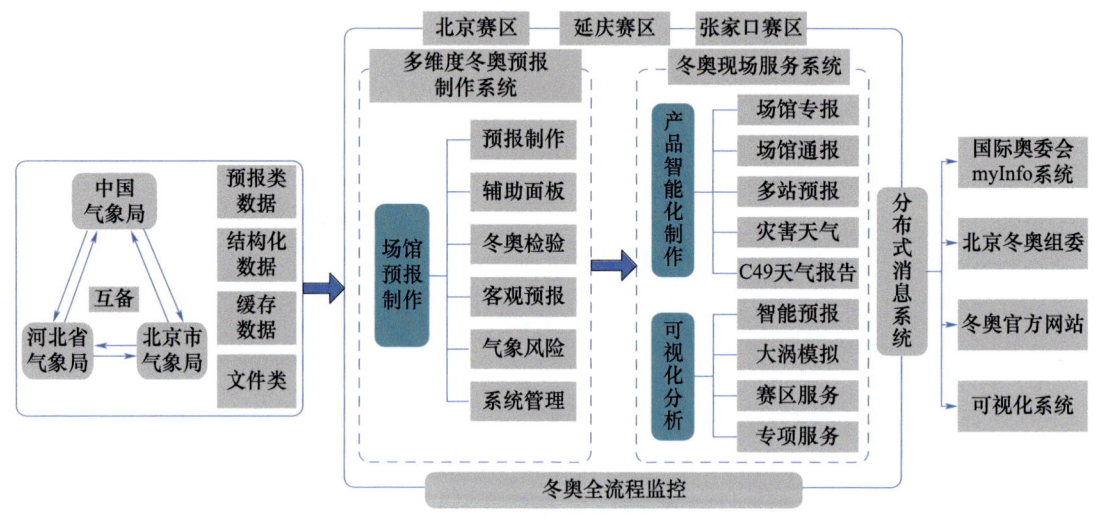

图 4.65　冬奥现场预报服务系统功能设计

①场馆预报制作:场馆预报制作模块是多维度冬奥预报制作系统的核心功能模块,支持北京、延庆、张家口三个赛区 11 个竞赛场馆和非竞赛场馆,30 余个冬奥预报站点的站点预报制作(图 4.66)。预报时效包括 0 至 24 小时逐小时预报,24 至 72 小时逐 3 小时预报和 72 小时至第 10 天逐 12 小时预报,预报要素包括天气现象、气温、湿度、平均风速风向等 11 种常规要素,以及累积降水量、累积雪深、湿球温度、体感温度 4 种衍生要素。场馆预报制作模块集成科技冬奥客观预报产品、冬奥 FDP 人工智能预报产品,以及冬奥团队冬训过程中形成的经验产品等 20 余种参考产品,为现场服务人员提供快速制作场馆预报提供了参考。该模块提供智能编辑、协同订正等多种订正技术,提高了现场服务人员的便利性和体验度。同时,多维度冬奥预报系统提供了站点预报准确率检验功能,为提高准确率积累经验。

②产品智能制作:产品智能制作实现将数字化场馆预报转化为中英文冬奥专报,包括场馆专报、场馆通报、多站专报、灾害天气、C49 天气报告等专报产品。图 4.67 为冬奥现场服务系统的场馆专报制作模块及冬奥现场气象服务系统的产品样例。以国家高山滑雪专报为例,通

图 4.66 冬奥场馆预报制作界面

过冬奥现场气象服务系统可以将场馆预报转化为场馆专报,该专报在一张纸上显示 11 个要素 500 个气象符号,通过现场服务系统提升专报制作效率。此外,多站专报、场馆通报、灾害天气等模块均可以快速将数字化预报产品转化为中英双语的冬奥专报。特别是 C49 天气报告(奥林匹克成绩与信息服务文档)涉及运动员专业的成绩服务需求,用于冬奥组委官方定义各分项奥林匹克成绩与信息服务的文档,本届赛事第一次由气象部门全自动生成制作。通过系统定制 C49 天气报告模块,针对不同赛事实现自动调取三大赛区 12 个冬奥场馆实况和预报,完成气象要素的智能化组合,并快速发布至冬奥组委。产品制作模块支持中英文切换、智能文字编辑、多站预报配置组合等方式,根据临时性的服务需求现场调整气象服务产品的形式,为现场多样服务需求提供支撑。

(a)

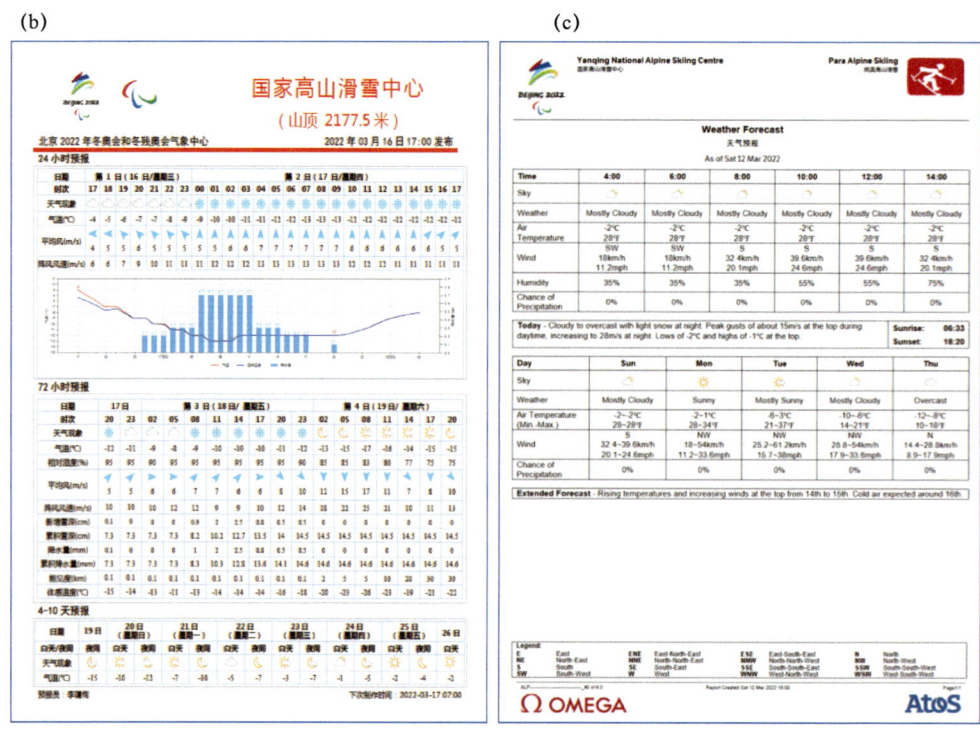

图 4.67　冬奥现场服务系统产品制作界面及专报样例
（a. 专报产品制作界面；b. 高山滑雪专报样例；c. C49 天气报告样例）

③可视化分析显示：可视化分析模块结合赛区地形和赛道走向实现场馆数字化预报的可视化显示，为现场服务人员开展预报解读工作提供支撑。同时，集成显示中国气象局全球数值预报业务系统（GRAPES-GFS）、北京城市气象研究院睿图模式预报产品（CMA-BJ）、三大赛区大涡模拟等七类数值模式和模拟产品。采用三维 WEBGIS 引擎，以"点（场馆）-线（赛道、缆车线路）-面（赛区）"相结合的方式实现冬奥高分辨率模式产品的交互显示。模块支持在地图上对所在赛区/场馆的快速定位和气象要素的拾取，提供该点的时序剖面图和表格等视图方式。特别对于空间格点距离小于等于 100 m 的"百米级、分钟级"赛区精细数值预报和反演产品，通过引入高精度地形资料精细刻画和显示赛区范围内山顶至山谷每条赛道的气象要素变化（图 4.68）。如粒子流形式表达风向及沿地形的流动，色标表达风速大小，直观、形象，容易被用户理解。基于睿图短期预报场利用 Lamb－Jenkinson 大气环流客观分型法得到 93 类 37 m 分辨率的大涡模拟结果，进而自动优化匹配 GRAPES-Meso、ECMWF 等模式实时预报场，得到最相似的赛区风场等推送，为现场预报服务人员提供参考。

4.6.1.5　关键技术研究

（1）赛区观测模拟技术

在冬奥赛场周边开展了复杂地形综合气象观测试验，以自动气象站、便携式温湿度观测仪（HOBO）和综合观测站，以及风廓线雷达、多普勒激光雷达、微脉冲激光雷达、微波辐射计、GPS 小球探空等观测设备组成的观测网，收集赛区观测试验资料。图 4.69 为以延庆海陀山为例的观测试验立体观测布局。加密观测期间，在赛区附近开展了 GPS 小球探空加密观测。

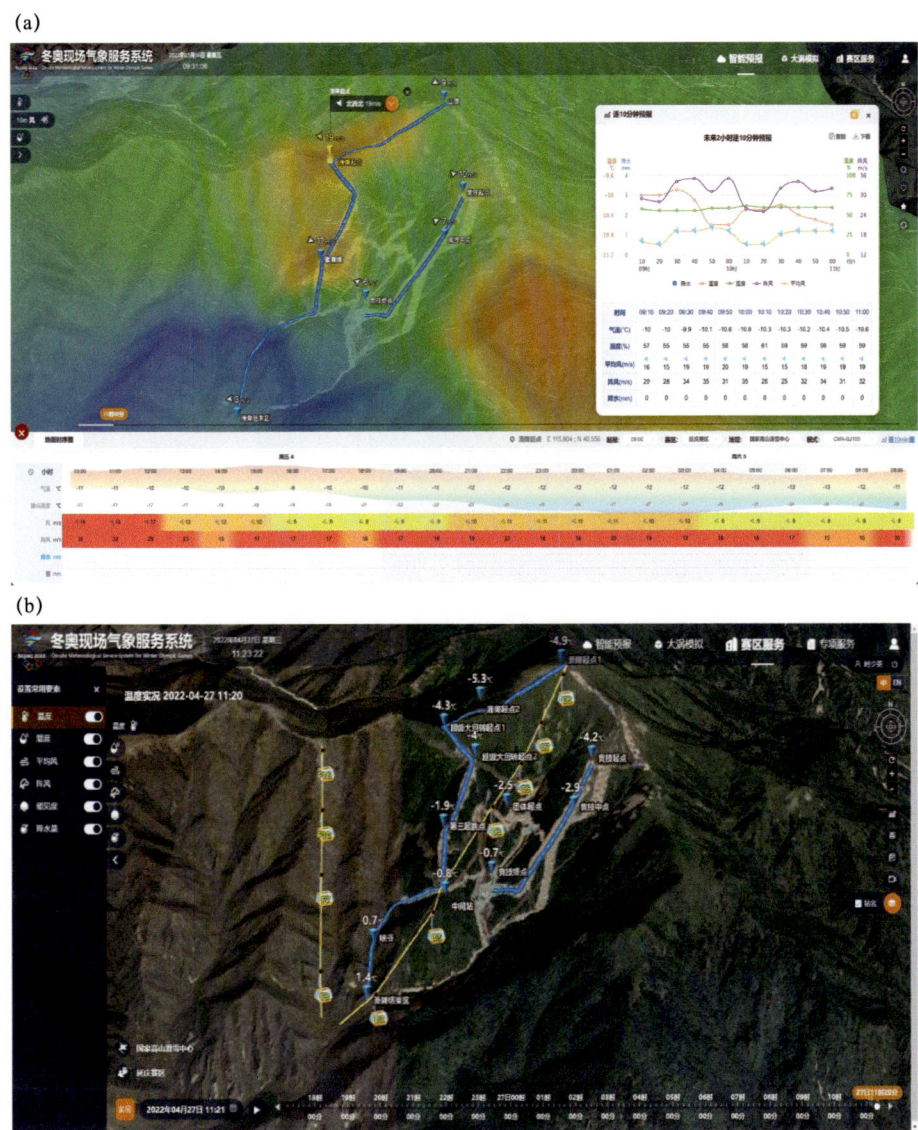

图 4.68 冬奥现场气象服务系统可视化分析模块
(a."百米级、分钟级"客观预报产品；b. 结合缆车的客观预报产品)

利用在不同海拔高度地面便携温湿度观测站和自动气象站,获取了该地区大气温度廓线。对加密观测期的观测资料进行了初步分析,重点研究半山腰云的演变特征和形成原因。通过观测试验获得冬奥赛场周边大量地面和高空气象观测资料,为开展冬奥百米分辨率气象预报技术研发提供数据支撑。

(2)"百米级、分钟级"天气预报技术

组织开展冬奥气象预报技术攻关,在冬奥会历史上首次实现了"百米级、分钟级"天气预报服务。基于北京睿图模式体系研发了针对复杂山地多源、多时空尺度气象资料的百米级快速融合和集成预报产品。基于气象物理模型、大数据统计、机器学习和深度学习方法研发山区高精度阵风预报模型、冬季降水相态客观分类预报模型,集成构建了适用于支撑复杂地形下冬奥气象服务保障的"百米级、分钟级"0～24 小时预报技术体系,实现覆盖京津冀全

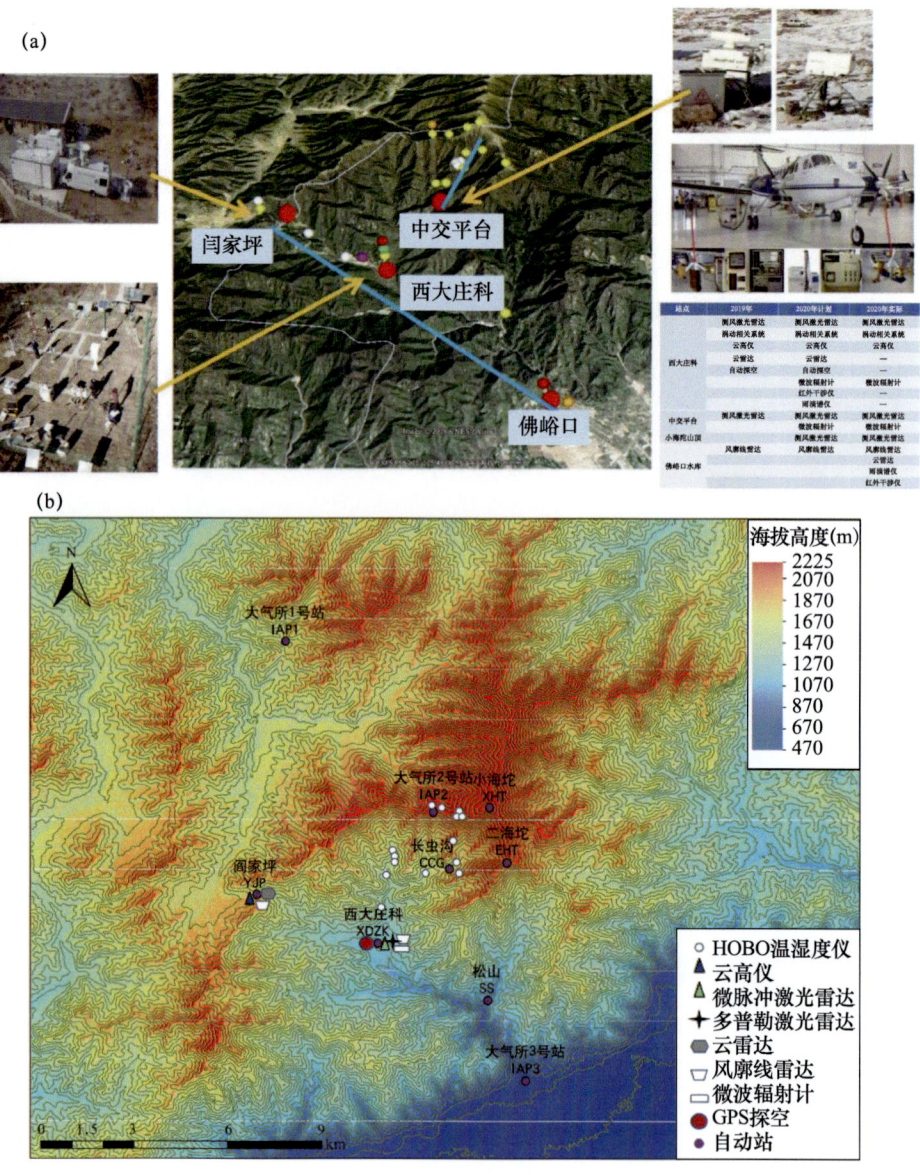

图 4.69　以延庆海陀山为例的冬奥观测试验
（a. 总体观测布局；b. 观测设备所处海拔高度）

域 500 m 分辨率、逐 10 分钟更新的格点实况分析和 0～24 小时预报，以及覆盖延庆赛区和张家口赛区 100 km×100 km 山区范围、覆盖北京城区和近郊区 120 km×110 km 范围的 100 m 分辨率、10 分钟更新的 0～24 小时融合预报产品。针对赛场特殊地理环境特征和预报难点，研发形成涵盖风、降水、气温、积雪深度、沙尘、能见度等要素的短时临近到中长期天气预报的无缝隙专项保障产品体系。图 4.70 为冬奥现场气象服务系统的"百米级、分钟级"风场可视化分析模块。通过冬奥现场气象服务系统的交互操作，预报员可以快速获取赛场气象要素空间分布外，结合赛道走向和地形分布获得任意高度处逐 10 分钟的降水、气温、风等气象要素时序分布，为冬奥会"一场一策""一项一策"等需要，为赛事调整提供了重要依据。

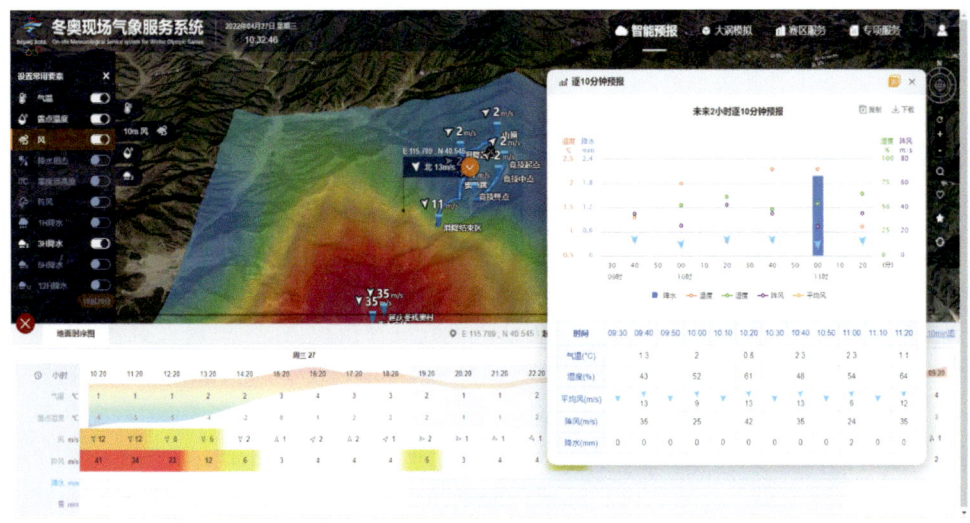

图 4.70　冬奥赛区"百米级、分钟级"风场可视化产品界面

(3) 大涡模拟技术

大涡模拟技术聚焦复杂地形下冬奥小尺度高影响天气预报特点,以北京冬奥会赛区为中心,将近三年冬奥比赛期间天气环流场进行分析,利用 Lamb-Jenkinson 大气环流客观分型法得到 93 类大涡模拟结果,采用北京城市气象研究院睿图大涡模式系统对各组的典型个例开展 37 m×37 m 分辨率风场模拟。图 4.71 为冬奥现场气象服务系统大涡模拟模块,模块功能包括大涡相似分型、大涡检索、风速风向赛道剖面图、风向风速时序图、算法说明等。系统引入高精度地形资料、优选参数化方案、边界条件等组合,构建、优化大涡模拟产品。通过 EC 模式、CMA-MESO 模式数据进行相似识别,从赛区 93 类大涡模拟结果中自动优先匹配最相近的大涡数据进行推送展示。系统实时提供古杨树场馆群、云顶场馆群、国家高山滑雪中心、国家雪车雪橇中心、首钢园区、国家体育场 6 个冬奥核心场馆各 10 km×10 km 区域 67 m 分辨率 0～

图 4.71　大涡模拟产品可视化产品界面

10天大涡数值预报产品。

(4)智慧冬奥2022天气预报示范计划(FDP)

为进一步满足北京冬奥会高精度天气预报服务需求,在做好既有的冬奥气象科技研发的同时,气象部门组织实施"智慧冬奥2022天气预报示范计划(SMART2022－FDP)",广泛征集国内精细化气象要素客观预报技术方法和高分辨率数值天气预报模式。图4.72为示范计划具体参赛单位,以及实时运行的整体架构流程和实时数据流。面向北京、延庆、张家口三个赛区气象保障需求,来自气象部门、科研院所、高校和社会企业等22家单位(气象部门内11家,气象部门外11家)研发的38个系统报名参加,在冬奥天气预报大舞台上同台竞技、取长补短,合力保障冬奥。22家参赛单位分别从高分辨率数值预报模式、客观预报技术、人工智能等多个角度入手,聚焦补短板、强弱项,研发了大风降温、高温回暖、降雪、大雾等高影响天气的精细化预报产品;填补了雨雪相态、积雪深度和风寒指数等冬季预报技术空白,形成冬季特色预报产品。冬奥期间组织了2次实时运行测试和检验评估,经过2021年上半年第一次实时运行测试和检验评估,筛选出进入第二次实时运行测试的系统,并将最优秀的7类产品对接至冬奥现场气象服务系统,支撑现场服务人员快速制作发布冬奥场馆专报。

按照WMO天气示范项目标准,智慧气象示范计划统筹建立了四个专项工作组,分别由国家气象信息中心牵头数据保障组、北京市城市气象研究院牵头系统示范组、产品集成组,北京市气象台牵头检验评估组。秉承"边应用、边检验、边改进"的工作思路,用实战应用效果评估各项产品性能。

4.6.1.6　团队建设

(1)组建气象探测运维"先遣队"

2014年以来,探测运维团队成为进驻赛区的先遣队,深入赛区开展综合探测系统的规划选址、技术攻关、建设实施、运行维护和赛事保障。探测运维人员克服赛区前期没网、没路、没电、没水、山岩陡峭的困难,通过人扛骡驮,冒着大风低温、酷暑严寒,在海拔2198 m,垂直落差900 m的海陀山赛区建设了"三维、秒级、多要素"的冬奥气象综合监测系统,为冬奥会成功申办、举办提供及时、准确的气象数据。

(2)组建冬奥会气象保障服务团队

按照"一场一策"和"一项一策"的服务要求,以北京和河北气象部门为主体,从全国气象部门抽调优秀业务骨干52人,组成冬奥气象预报服务核心团队,分别服务冬奥主运行中心(MOC)、北京赛区、延庆赛区、张家口赛区。自2017年冬季,冬奥团队每年在延庆、张家口赛区开展实地预报训练。通过赛场冬训、出国培训、英语培训、赛事观摩,不断提高团队业务水平。预报员分批赴美国开展冬奥山地天气预报技术培训,实施冬奥气象英语轮训。强化与韩国、俄罗斯、加拿大、美国等冬奥气象国际合作,学习借鉴先进经验。坚持以赛促训,以赛促进、边建设、边服务,为各项测试赛活动提供气象服务。

(3)组建冬奥会专项支撑团队

北京市气象局、河北省气象局,以及国家气象中心(中央气象台)、卫星气象中心、数值预报中心、气象探测中心、人工影响天气中心等国家级气象业务单位组建10余个专项支撑团队,全力支持和保障前方一线预报服务团队开展工作。

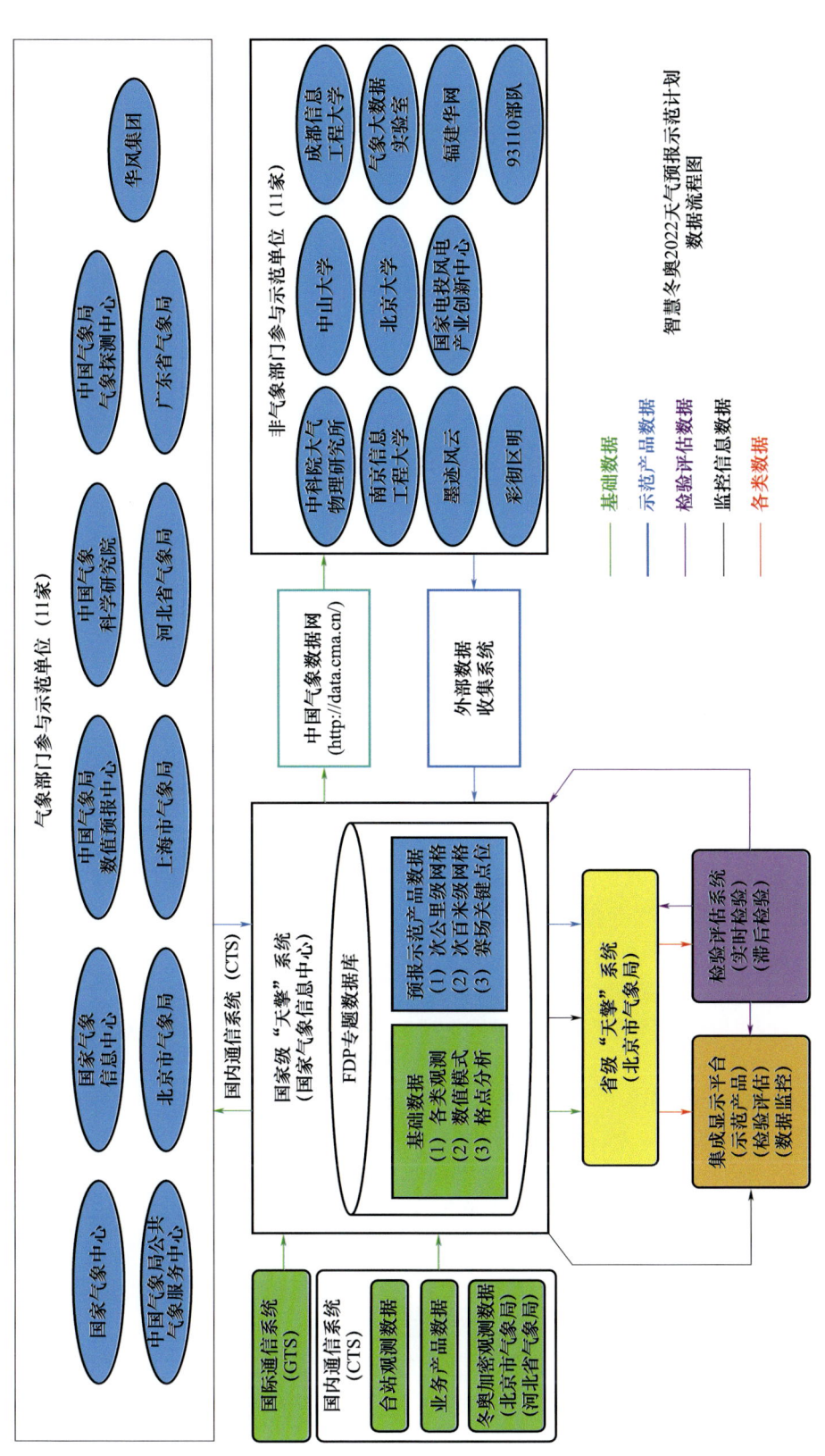

图 4.72 智慧冬奥 FDP 示范计划实时运行整体架构流程以及数据流

4.6.2 演练期

气象部门充分把握"相约北京"系列测试赛活动实战演练的机会,精心组织2019—2020年和2020—2021年冬季测试赛气象保障服务。按照冬奥会气象保障要求,开展测试赛气象保障服务,测试各系统平台、预报技术方法、业务流程、管理机制等,从而为冬奥会正式比赛期间的预报服务打下坚实基础。本小节简要回顾2021年测试赛气象服务过程。其中,2021年上半年测试赛活动经历了高影响天气"全经历",在天气应对的经验积累方面具有示范意义;2021年下半年测试赛为冬奥会正式活动前的最后一次活动,也是一次全流程的实战演练。

4.6.2.1 上半年测试赛(2021)

(1)测试赛概况

2021年上半年测试活动期间(2月14—26日),赛区经历了大风降温、明显升温、沙尘、降雪、低能见度、冰冻等几乎所有预期可能对赛事造成高影响的天气,高影响天气"全经历",为冬奥会正式活动保障提供了非常难得的演练机会。测试活动计划安排了76项比赛、55项官方训练,由于天气原因调整比赛8项、官方训练4项。此次测试活动气象服务保障再次印证,气象状况是影响冬奥会能否正常运行的关键因素。

(2)高影响天气回顾

2月16—17日华北地区出现大风降温天气。延庆赛区降温幅度达16 ℃,赛场山顶16日早晨最低气温降至−25.2 ℃,山顶最大阵风达34.7 m/s;张家口赛区云顶1号站,温度从−9.7 ℃降至−26.3 ℃,降幅达16.6 ℃,最大阵风达到19.6 m/s。根据气象预报,冬奥主运行中心(MOC)果断决策将原定于16日举行的自由式滑雪雪上技巧男子、女子预决赛和自由式滑雪空中技巧混合团体,延期到17日和18日举行。

2月17—21日赛区出现明显升温过程,延庆赛区山顶起点区1号站达4.1 ℃;古杨树赛场冬季两项5号站达9.8 ℃,云顶1号站达7.6 ℃。因气温持续较高,赛道融雪明显,MOC决定将20—21日期间的2项高山滑雪比赛提前、5项冬季两项比赛推迟、1项跳台滑雪比赛延期、1项冬季两项官方训练取消。

2月19日我国北方地区出现了大范围沙尘天气。虽然没有达到气象部门沙尘的标准,但由于温度高,沙尘颗粒沉降还是对赛道融雪加速产生影响。各赛区组织对赛道进行了"脏雪"清理和补雪作业。

2月23日赛区出现小雪天气,同时能见度明显下降。赛道发生积雪后,各赛区组织进行了清雪;虽比赛时能见度较差,但总体上没有影响比赛。

(3)效果评估

气象部门在圆满完成测试活动气象保障任务的同时,对气象保障筹备的组织管理体系、工作流程机制、科技支撑体系等进行全面测试检验。本次测试活动,磨合了机制,检验了成果,锻炼了队伍,固化了经验。气象部门与赛事组织方的密切沟通、气象部门整体协作,以及气象现代化建设和气象科技成果的应用在本次测试赛活动中运行较好。但也反映出一些问题,比如,对于冬奥组委的需求还不够细化,气象服务人员的配置需要优化,以及气象部门内部赛时运行体制机制和气象服务保障体系仍需进一步完善。

4.6.2.2　下半年测试赛(2021)

(1)测试赛概况

2021年10月5日至12月31日,北京、延庆、张家口三个赛区将举办15项"相约北京"系列测试活动,这是冬奥会正赛前最后一次演练机会。随着冬奥正式活动的临近,参加测试赛活动的国外运动员、技术官员越来越多;较上半年测试活动,下半年测试活动更接近冬奥正式保障,面临问题更复杂、经受考验更全面。本次测试赛的工作目标,重点是理顺赛时气象保障服务运行指挥体系,全面达到冬奥赛时保障服务状态,确保以最佳状态迎接冬奥会实战考验。

(2)赛事服务需求

测试活动期间气象服务需求,主要包括北京、延庆、张家口三个赛区气候预测、延伸期预报,以及各场馆赛道天气预报和实况信息等。重点关注赛前和赛事期间大风、低温、低能见度、降雪等高影响天气预报。赛事运行期间,为国际雪联、北京冬奥组委、测试赛组委会、比赛队员等提供冬奥气象服务中英双语服务。为了避免冬奥期间的负面舆情,进一步明确赛事气象保障宣传口径,按照规定要求及时发布权威气象信息;加强舆情监控,及时做好舆情应急处置工作。同时,开始着手筹备面向竞赛团队、组委会等发放满意度调查问卷,为赛后分析赛事气象服务满意度做好准备。

(3)效果评估

气象部门进一步梳理风险隐患防范清单,特别是疫情防控下现场气象服务人员配置等问题。通过本次测试赛的气象保障服务,充分锻炼和磨合赛时气象保障机制、全流程业务系统测试、现场团队保障水平提升具有重要作用。准确、及时的测试赛气象服务获得地方政府和冬奥组委领导、赛事主办方、社会媒体和运动员的高度肯定,国际雪联自由式滑雪前主管乔·菲茨杰拉德称赞为"Best Weather Service Ever"。

4.6.2.3　业务系统应急演练

冬奥气象服务保障筹备工作进入全力冲刺、全面就绪、决战决胜之际,气象部门于2021年10月至2022年1月组织各专项工作组开展冬奥气象应急演练。通过对冬奥业务系统和保障环节设置风险隐患场景进行模拟演练,检验系统稳定运行情况及保障团队的应急处置能力。测试演练内容涉及气象探测系统、信息系统、科技研发成果应用、预报制作系统、宣传应对能力、气象保障服务机制等。

结合测试活动和疫情防控情况,各部门按照职责分工分别制定应急演练预案,着重模拟开展重要业务场景、核心业务系统在关键时间点出现故障的应急演练。如信息网络方面,重点测试北京和河北数据及业务系统双备份无缝隙切换的运行稳定性,假定一地的信息网络出现故障,检验运行维护团队能否快速实现数据及业务系统的切换。针对模式产品和背景场突发性故障问题,尝试停止EC、NCEP等资料,检验是否可以及时切换模式驱动场,保证自主研发的模式产品正常稳定运行。

4.6.2.4　测试赛小结

气象部门充分利用测试赛活动演练的机会,达到了全面磨合工作机制、全面检验核心业务、全面强化成果应用、全面排查风险隐患和全方位锻炼人员队伍的目的,为圆满完成冬奥会气象保障积累了宝贵经验。特别是应急演练期间,通过预设场景,检验突发情况下应急处置能力,确保人员、装备、技术、平台、制度、疫情防控、后勤保障、宣传等各方面准备落实落细。气象部门继续保持"一刻也不能停、一步也不能错、一天也误不起"的状态,全面梳理改进测试活动中气象服务保障发现的不足,全方位做好冬奥气象服务保障筹办工作。

4.6.3 运行保障期

按照冬奥组委赛时运行指挥实施方案要求,气象部门制定赛时运行指挥实施方案、应急预案,进一步优化工作机制。赛时运行指挥体系实行"三级设置",分别是决策指挥层(冬奥气象服务协调小组),运行指挥层(对外称冬奥气象中心,包括综合协调办公室、冬奥北京气象中心、冬奥河北气象中心、火炬传递气象服务专项工作组、预报与网络保障专项工作组、综合观测保障专项工作组、人影联合指挥专项工作组、新闻宣传科普专项工作组),以及服务运行层(北京赛区、延庆赛区、张家口赛区冬奥气象现场保障服务团队,以及北京、河北区域非赛区气象服务团队)。建立了沟通协调、例会及简报、重大事项报告和应急响应等机制。根据赛事情况提前一周启动特别工作状态,执行24小时主要负责人领班、专人值班制度;根据天气演变情况,做好特别工作状态期间的加密观测、专题会商、滚动预报、跟进服务。

4.6.3.1 加密气象观测

按照冬奥会赛事保障要求,气象部门进行了立体式加密观测。一是高空气象加密观测,两个赛区的代表站关键时段增加14时高空加密气象观测。二是地面气象加密观测,根据天气情况适时启动京津冀国家级地面气象观测站人工3小时间隔的天气现象、积雪深度、降雪量观测(必要时调整为1小时间隔)。三是气象卫星加密观测,关键时段启动风云四号B星加密观测。另外,根据气象保障服务需求,如遇重大天气过程临时确定其他加密观测任务并组织实施。

冬奥会正式保障期间,北京、河北9部天气雷达启动"31天×24小时"模式,京晋冀蒙四地总加密3517站次。国家卫星气象中心持续46天启动风云卫星逐分钟观测,风云四号B星逐分钟加密观测获取23435幅冬奥赛区云图。

4.6.3.2 天气会商与预报预警

(1)天气会商

借鉴冬奥测试赛经验,针对北京2022年冬奥会气象服务保障需求以及影响赛事的天气过程,建立每日定时+动态的"三级六方"会商天气机制,提高了会商效率。其中,一级为中央气象台、北京市气象台、河北省气象台,主要负责对冬奥会和冬残奥会气象服务期间可能影响各赛区的天气系统进行把关。二级为北京城区、北京延庆、河北张家口三个赛区的场馆预报中心,主要负责重点阐述当天以及未来三天内赛事关注点、场馆天气以及对赛事的可能影响。三级为各场馆现场服务团队和MOC主运行中心,主要负责重点补充说明最新的现场服务需求以及关注点。同时,进一步强化火炬接力、开闭幕式、赛时会商机制,以及会商的职责分工和会商保障。

建立了会商排期表,明确了天气会商和气候会商的组织单位、参加单位,以及会商的具体时间、会商方式和会商重点。通过定期、不定期开展的北京冬奥会专题会商,集各方专家智慧,合力保障冬奥赛事平稳有序进行,冬奥期间共开展天气专题会商127次。

(2)预报预警

冬奥场馆专报包括场馆预报、场馆通报和多站预报,实现北京、延庆、张家口三个赛区30

余个冬奥站点的中英文站点预报产品生成及发布。时效为未来 10 天，0 至 24 小时逐小时、24 至 72 小时逐 3 小时、72 小时至未来 10 天逐 12 小时分辨率，可编辑气象要素近 20 种。同时，实现了 C49 天气报告及 ODP（实况、预报、预警）数据服务，冬奥历史上首次实现了数据采集、传输、整合全流程自动化。图 4.73 为冬奥现场气象服务系统的多站预报模块，可以根据业务需求，灵活配置预览不同站点、不同要素、不同时效范围的对比产品，模块支持通过设置产品模板进行快速查看，也支持将查询结果转换为 PDF 提供服务。

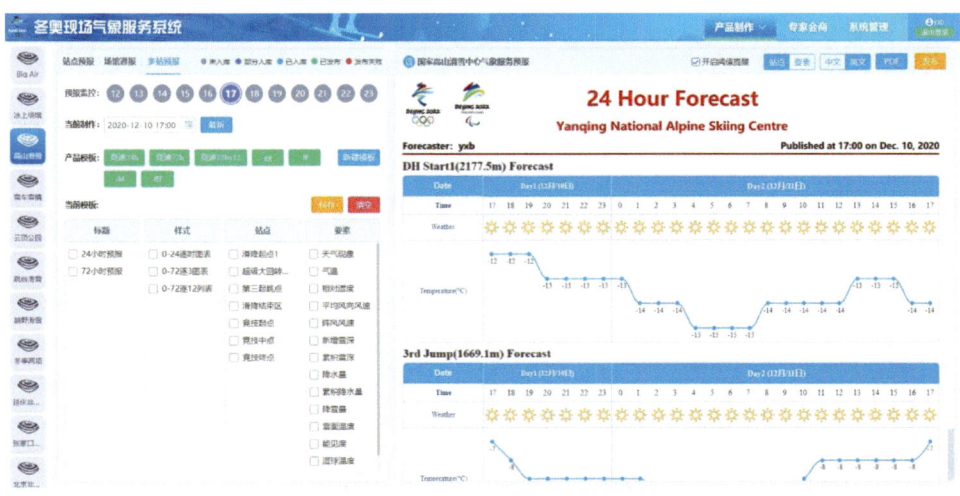

图 4.73　冬奥现场气象服务系统多站预报制作模块

场馆预警：按照奥组委要求，针对冬奥会赛事影响较大的暴雪、大风、大雾、寒潮四类高影响天气进行信息提示，发布场馆预警。通过预设模板将场馆灾害性天气预警信息生成多类型、多样式的中英双语冬奥产品，为奥组委及相关保障单位提供气象服务（图 4.74）。

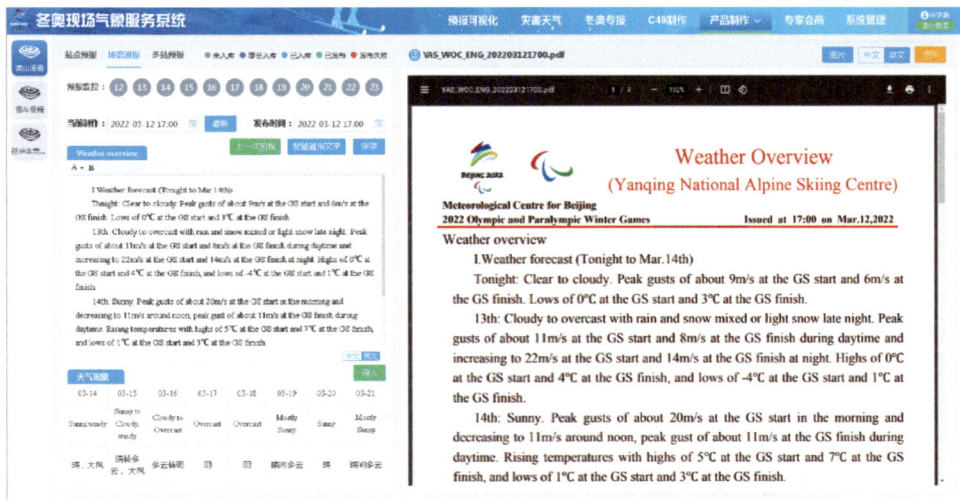

图 4.74　冬奥现场气象服务系统英文专报产品制作界面

4.6.3.3 跟进式服务

北京冬奥会赛事期间共经历了 6 次低温、降雪、大风等高影响天气过程,给赛事运行和赛会组织带来严峻挑战。北京冬奥会气象预报服务团队强化监测预报和服务对接,为竞赛组织、日程变更提供了精准及时的气象信息,确保了北京冬奥会在预定时间内完成所有比赛、产生所有 109 枚金牌,同时也为赛会各项组织运行和保障工作提供了强有力支撑。

(1)精准预报,气象服务为冬奥会全部赛事顺利完赛保驾护航

冬奥会赛事期间,气象部门负责为竞赛日程变更提供所需的气象信息和决策建议。进驻闭环的预报服务人员每天参与竞赛指挥组、各场馆竞赛指挥团队的会商,实时监视天气变化,为各项赛事提供气象条件适宜的窗口期建议。北京冬奥会期间,北京、延庆、张家口 3 个赛区不同程度地经历了低温、降雪、大风等高影响天气,据有关方面统计,赛事期间共有 20 项官方训练或比赛活动因不利天气影响而推迟、中断、延期和取消。针对冬奥会复杂天气,气象部门围绕赛事组委会的需求,准确精细预报冬奥会赛事天气,为准确及时调整赛事提供了科学的气象保障。例如,在延庆国家高山滑雪中心原计划 2 月 4 日 11 时举行的高山滑雪滑降项目第二轮官方训练,受大风影响推迟,组委会依据准确天气预报,抓住有利天气窗口期延迟 1 小时顺利进行。在崇礼云顶滑雪公园原计划 2 月 13 日 10 时举行的自由式滑雪女子坡面障碍技巧资格赛,因降雪和能见度低延期,组委会依据准确天气预报调整到 2 月 14 日顺利进行。国际奥委会体育部部长吉特·麦克康奈尔在竞赛变更委员会例会上表示,准确可靠的气象预报确保了高山滑雪、自由式滑雪坡面障碍技巧、越野滑雪等比赛日程成功调整。北京冬奥组委副主席杨树安在例行新闻发布会上指出,北京冬奥会很好地体现了"一流的气象保障服务"。

(2)提前研判,高影响天气过程预报实现"零失误"

2021 年 10 月初,北京冬奥会气象预报团队进驻服务一线,进入赛时服务状态。2022 年 1 月 27 日,气象部门全面进入北京冬奥会气象保障服务特别工作状态,与北京冬奥组委和各赛区建立每天定时"三地六方"会商天气机制,前方预报团队随时滚动订正。冬奥会期间,共开展专题会商 85 次,京冀晋蒙 4 地联合加密观测 2089 站次,持续 46 天启动风云四号气象卫星逐分钟加密观测。准确预报 2021 年 1 月 30 日蒙古国沙尘对赛区无影响、2 月 4—6 日大风天气需关注、12—13 日强降雪低能见度道路结冰要防范、14—18 日"相对好天气(风小天气)"利用好、19-20 日大风天气要"早安排"等。特别是提前 10 天研判出 2 月 13 日强降雪、降温、低能见度天气,为赛事组织和调整赢得了充分的准备时间。国际雪联负责同志多次提到,北京冬奥会气象服务工作做得非常好,做得比任何一届冬奥会都好,这和气象保障服务人员努力是分不开的。

(3)力求卓越,确保开闭幕式闪亮登场完美谢幕

气象部门将保障北京冬奥会开闭幕式作为气象服务的重中之重。自 2019 年以来,针对开幕式活动举办、焰火燃放等提供气候评估分析 20 余份。2021 年 10 月,气象部门组建开闭幕式气象保障专项工作组和预报服务专班团队,分析开闭幕式期间历史上高影响天气特征,定期滚动提供气候趋势预测。2022 年 1 月以来,针对开闭幕式彩排演练开展了 20 次天气会商,提供了 80 余次专项预报和为期 3 个月的现场服务。提前 3 天精准预报弱冷空气主要影响 2 月 4 日白天,晚间风力逐渐减弱。2 月 4 日开幕式和 2 月 20 日闭幕式当日,选派首席预报员赴国家体育场现场负责开闭幕式气象保障服务。北京冬奥会开闭幕式在适宜的气象条件下顺利举行,24 小时的逐小时温度和风预报与实况高度吻合,气象服务得到各方高度赞誉。国际奥委

会主席巴赫及多名国际奥委会官员和领队特别对 1 月 30 日开幕式彩排的"精准"降雪预报高度称赞。

(4)精细服务,为中国体育代表团夺金保驾护航

为保障中国国家队取得更好的参赛成绩,中国气象局首次选派首席预报员参加中国体育代表团。充分调研参赛队伍需求,紧密围绕恶劣天气对交通、训练和比赛的不利影响,提前做好赛前和赛时器械保养工作,制定工作流程,形成产品推送方案,确保所有中国体育代表团参赛队能够根据天气预报结论和影响提示选择雪板打蜡时间和材质。在 2 月 4—5 日大风、12—14 日降雪降温、17—19 日降雪低温等天气过程发生前,针对自由式滑雪、空中技巧等比赛,提前告知领队和教练低能见度、顺逆风转换等情况,提醒领队和教练做好合理战术安排。保障期间,通过加强实地勘察和精细化预报产品检验,提高预报准确率,14 日、16 日女子和男子空中技巧夺金比赛期间的预报与实况基本吻合。特别是首钢大跳台 2 月 8 日、15 日中午前后的偏东风精准风向预报,为谷爱凌、苏翊鸣获得金牌,首钢滑雪大跳台成为"双金"场馆提供了重要气象保障。

(5)统筹兼顾,为相关部门和社会公众提供全方位气象服务

积极对接生态环境、应急管理、交通运输等部门,配合做好北京冬奥会期间空气质量、应急救援、森林草原防火、交通保畅以及城市运行保障等服务工作。北京、河北两地气象部门赛事运行保障单位建立"一户一策"服务模式,实现了城市运行指挥中心、重点交通枢纽、999 急救中心等气象信息共享,为不同场景提供专属服务。特别是针对 2 月 12—13 日强降雪、降温天气,北京、河北两地根据准确的气象预报提前安排部署各项应对工作,有效保障了两地城市安全运行。中国气象局开发具有中英双语功能的冬奥智慧气象 APP、冬奥公众气象网站,累计访问量达 77 万余次。在微博、抖音、快手等新媒体平台全渠道发布 3 大赛区场馆天气预报、冬奥公众观赛指数预报和冬奥冰雪项目气象科普视频等,为公众更好地了解冰雪运动、场馆天气信息提供了直观、精准的气象服务。

4.6.3.4 现场气象服务

(1)现场服务概况

按照"一馆一策""一项一策"要求,在北京冬奥会和冬残奥会赛事期间,气象部门选派 52 名预报服务和保障人员闭环进驻 3 个赛区各场馆以及北京冬奥组委主运行中心、竞赛指挥组前方指挥部,根据国家体育总局要求首次派出气象预报专家参加中国体育代表团,形成了"三地六方"(北京城区、延庆、张家口三地,北京赛区、延庆赛区、张家口赛区、北京冬奥组委主运行中心、竞赛指挥组前方指挥部、中国体育代表团团部六方)伴随式气象服务新模式。

进驻北京冬奥组委:赛时一名局级领导进驻北京冬奥组委主运行中心(MOC),负责对接北京冬奥组委指挥部办公室工作要求,统筹综合运行管理各项工作。三名首席预报员参与冬奥主运行中心轮值,及时向北京冬奥组委通报北京、延庆、张家口三个赛区天气情况。

赛事现场服务:按照"一场一策""一项一策"的要求,三个冬奥赛区现场气象服务人员提前进驻。现场服务人员实时跟进场馆及周边天气情况,参加竞赛日程变更会、仲裁会、领队会等,向竞赛主任、竞赛仲裁委员会技术官员、教练等进行天气解读,提供精细化场馆天气预报。

开闭幕式现场服务:组建开闭幕式气象保障专项工作组和预报服务专班团队,现场服务人员提前 3 个月加入开闭幕式场馆运行团队,编制极端天气应急预案、极端天气阈值,以及制定各种极端天气对应场景下开展天气应对的措施。为运行团队各业务领域提供场馆气象服务专

报,并通过每日调度例会汇报次日天气情况以及未来 5 天天气趋势,为文艺演出、烟花燃放等提供精细服务。

伴随式服务为中国体育代表团夺金保驾护航:首次选派中央气象台首席预报员参加中国体育代表团,提供针对性专项服务,确保所有中国体育代表团参赛队能够根据天气预报和影响提示选择雪板打蜡时间和材质。

（2）现场服务典型案例

本小节选取延庆赛区高山滑雪项目最后一项比赛为例。高山滑雪是世界上复杂程度最高、挑战性最大的冬季体育项目之一,也是历届冬奥会最具观赏性的项目。由于高山滑雪的赛道坡度大、落差大,运动员滑行速度快,风、能见度和气温等气象条件的细微变化都可能对比赛选手的成绩甚至安全产生直接影响。高山滑雪团体赛原定于 2 月 19 日举行,该项目也是延庆赛区最后一项比赛,关系到北京 2022 年冬奥会金牌能否全部如数发出。如果因为天气原因无法开赛,那有可能成为冬奥史上为数不多的甚至绝无仅有的无法在闭幕之前完赛的冬奥会项目。

①天气情况

受冷空气影响,2022 年 2 月 19—20 日北京地区出现大风天气,平原大部分地区阵风 7 级,山区阵风在 12 级以上。竞速 1 站和竞速 3 站分别代表了高山滑雪团体赛的起点和终点的气象要素变化。从图 4.75 可以看到,2 月 19 日白天山顶竞速 1 自动站 11 时最大阵风 25.1 m/s,赛道终点站附近的竞技 3 站白天大部分时间阵风都在 7 级以上。20 日上午 11 时前风力相对较小,11 时开始阵风迅速增大至 7 级以上。

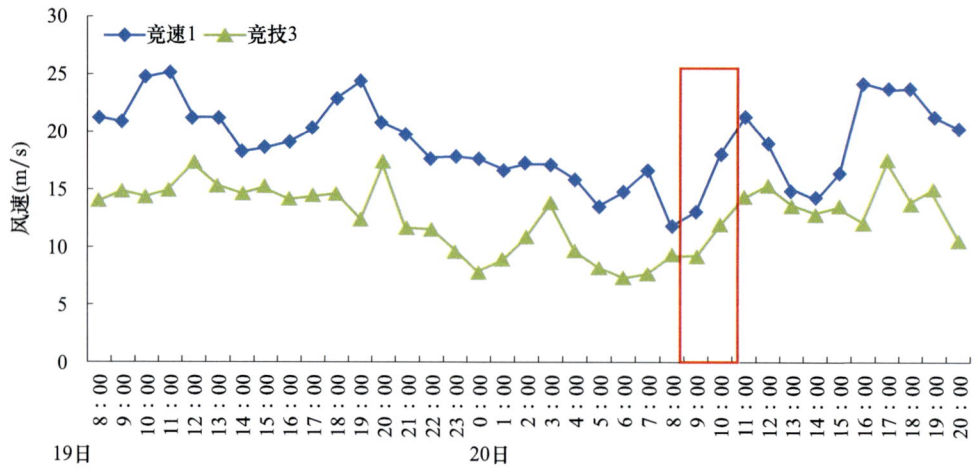

图 4.75　2 月 19 日 08 时至 20 日 20 时极大风监测情况（红框为适宜比赛窗口期）

②现场服务

根据高山滑雪气象阈值指标显示,平均风速超过 17 m/s,或阵风风速大于 17 m/s,比赛项目将取消。本次过程是全市范围大风天气,结合赛场地形特点寻找适宜比赛的"窗口期"成为气象保障的关键。根据图 4.76 显示,高山滑雪现场服务人员采取了跟进式气象服务,提前一周发布大风提示信息,2 月 15 日开始滚动跟进 19 日团体赛道最大阵风的定量预报。应用冬奥现场气象服务系统平台快速定位至高山滑雪场馆,结合赛场微尺度地形特点和精细化气象资料进行深入研判,精准预报 19 日赛道的偏南大风将突破比赛的临界值,不适宜按期举行。提前一天（2 月 19 日）预报 20 日上午是风力相对较小的时段,11 时前后风力将明显增大。竞赛组织方根据气象信息决定将比赛延期至 20 日 09 时至 11 时举行。现场服务人员制作次日分钟级的风速、风向时序图和沿赛道百米级分辨率的流场图,并在竞赛日程变更会、仲裁会、领队会上向冬奥现场决策用户进行天气解读。最终,比赛刚结束赛道便风雪飞扬,实况与预报基本吻合,两个关键决策点的精准预报获得高山滑雪竞赛组织方高度肯定。

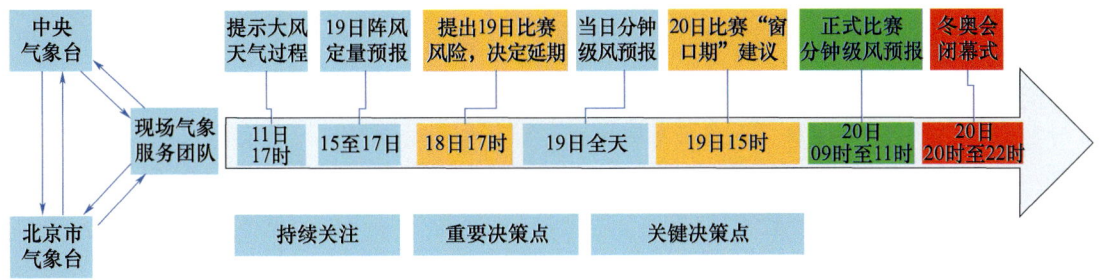

图 4.76　高山滑雪气象保障服务过程

4.6.3.5　城市运行气象服务

2022 年北京冬奥会和冬残奥会城市运行的保障服务需求主要来自冬奥会城市运行及环境保障部、城市运行与设施保障组、开闭幕式服务保障指挥部,以及北京、河北两地的城市管理部门、赛区外围和城市运行服务保障指挥部等。

针对冬奥会期间城市运行服务保障要求高、支撑服务部门多、服务产品种类多等特点,气象部门统筹分析研判,制定总体工作方案和专项工作方案,细化和明确属地化气象保障服务需求和任务。同时,气象部门与赛事运行保障部门建立"一户一策"服务模式,建立完善了交通、能源、环卫等不同行业用户的服务需求清单,构建预报服务、科技创新、产品研发、应急联动等工作机制,研发了道路温度和结冰、供暖分区预报、直升机颠簸和积冰指数等专项服务产品,初步实现气象服务与各行业的信息深度融合和融入式服务机制,以及城市运行指挥中心、三大赛区赛事场馆、关键作业点位、重点交通枢纽、999 急救中心等气象信息共享和平台融入,为城市安全运行总体调度、交通保畅、能源保供、扫雪铲冰、森林防火、高山赛场直升机应急救援、冬奥记者参访活动、签约酒店、加氢站等不同场景提供专属服务产品,成为各项赛事保障工作指挥调度的"前哨站"、应急处置"指示灯"。

4.6.3.6　新闻宣传科普工作

强化舆情引导:编制舆情风险点口径库,梳理负面清单。冬奥会期间每天发布舆情日报,及时掌握不利气象条件可能引发的负面舆情。组织专人参加冬奥新闻发布会,介绍冬奥天气气候特征、气象影响风险,以及气象亮点工作。冬奥期间,针对高影响天气应对没有出现不良舆情反馈。

突出宣传"热点":气象部门广大职工牢牢把握坚定如期办赛目标和"简约、安全、精彩"办赛要求,恪尽职守,积极作为,为冬奥顺利举办做出了重要贡献。冬奥会期间,涌现出一批先进个人的感人事迹。根据冬奥气象工作宣传的特点制定宣传方案,做到"前期方案有制定,中期紧跟有热点,同期舆情有研判,后期评估有总结"。组建专家队伍、确定宣传口径、协调配合中央及在京主流媒体持续跟踪适度报道冬奥赛事气象服务。冬奥气象宣传专项工作组多次组织中央和地方媒体深入冬奥前方一线,深挖平凡岗位不平凡的事迹。通过集中关注报道、制作气象人宣传片等方式,从监测、预报、服务、科研等方面大力宣传气象行业广大职工克服各种困难,在艰苦的工作条件下恪尽职守,以积极作为的精神营造冬奥氛围。

4.6.4 评估总结期

4.6.4.1 效益评估

北京、延庆、张家口3个赛区两个冬奥期间,先后共经历了降雪、大风、沙尘等9次高影响天气过程,28项官方训练或比赛活动受到影响。气象部门派出优秀工作专班进驻冬奥组委主运行中心、各个赛区场馆、冬奥村,与各场馆竞赛指挥团队会商沟通,滚动提供精准预报和赛事调整建议,为各项比赛在合适的"窗口期"顺利完成比赛提供重要的决策支撑,确保安全、顺利完赛。

冬奥期间,冬奥北京气象中心、冬奥河北气象中心分别开展气象服务满意度调查,面向中外奥组委官员、竞赛主管、教练员、运动员、裁判员、外围保障人员等,从预报准确性、及时性、针对性3方面开展问卷调查,收集调查问卷,平均满意度达99%。

北京冬奥组委副主席杨树安在例行新闻发布会上指出,北京冬奥会很好地体现了"一流的气象保障服务"。国际奥委会奥运会部执行主任克里斯托夫·杜比说:"我认为,恶劣天气是冬奥会的组成部分,北京冬奥组委拥有最先进的天气预报系统。因此,无论遭遇什么样的坏天气,我们都可以克服。"国际奥委会体育部部长吉特·麦克康奈尔在竞赛变更委员会例会上表示,准确可靠的气象预报确保了高山滑雪、自由式滑雪坡面障碍技巧、越野滑雪等比赛日程成功调整。国际雪联负责人多次提到,北京冬奥会气象服务工作做得非常好,做得比任何一届冬奥会都好,这和气象保障服务人员努力是分不开的,非常感谢!

北京冬奥会、冬残奥会总结表彰大会上,党中央、国务院授予国家速滑馆场馆运行团队等148个集体"北京冬奥会、冬残奥会突出贡献集体"称号;其中,北京2022年冬奥会和冬残奥会气象中心(以下简称"冬奥气象中心")获评"北京冬奥会、冬残奥会突出贡献集体"。

4.6.4.2 服务总结

气象部门认真贯彻总书记关于北京冬奥会和冬残奥会系列重要指示和对气象工作重要指示精神,深入落实党中央、国务院决策部署,紧紧围绕"简约、安全、精彩"办赛目标,举全部门之力,集气象行业之智,坚持"三个赛区、一个标准",圆满完成了北京冬奥会和冬残奥会气象保障服务各项任务。

2013年10月国家启动申办程序到2022年3月冬奥会和冬残奥会圆满举办,气象部门聚焦"申办、筹办、举办"全过程,在"竞赛、保赛、观赛"三方面,以最高标准、最精服务圆满完成冬奥会和冬残奥会气象保障服务任务。经过6年多筹备、60天的冬(残)奥会气象保障服务,从相对有基础的平原地区、夏季、降水要素天气的预报,转向基础薄弱的山区复杂地形下、冬季、风等要素的预报,气象部门接受了前所未有的严峻考验。

2022年3月底,气象部门召开冬奥气象服务总结大会,回顾总结北京冬奥会和冬残奥会气象保障服务工作,总结成绩,凝练成果,传承精神,接续奋斗,不断推进气象事业高质量发展。会上,7位气象保障一线队员作为代表发言,会议对北京冬奥会和冬残奥会筹办和举办期间表现优秀的集体和个人进行通报表扬。

2022年4月,气象部门启动《北京2022年冬奥会和冬残奥会气象保障服务成果》丛书汇编工作。具体篇章包括:《组织管理卷》《业务服务卷》《科技支撑卷》《团队工作卷》《宣传科普卷》，从五个方面全面总结北京申奥到办奥的经验成果。其中，《组织管理卷》整理汇编了北京冬奥会实施全过程中在组织管理方面的各类工作方案、实施方案、应急预案、会议部署等方面的工作文件。《业务服务卷》从综合气象观测、气象预报预测、气象服务三个方面对相关业务服务工作成果进行总结。《科技支撑卷》全面梳理总结北京冬奥会气象观测技术、机理研究、预报技术、服务技术等方面关键技术研发与应用的科技成果以及应用成效。《团队工作卷》主要记录了北京冬奥气象保障服务团队的工作情况和工作感想，围绕冬奥赛事提供气象保障的气象服务团队的工作机制及服务效果。《宣传科普卷》收录了从北京申奥成功的那天起7年间在中央、地方媒体刊（播）发的冬奥气象保障服务各类新闻、科普等作品264篇（件），从部署指导、气象服务、科技赋能、气象人风采、科普传播、融媒体报道六个方面总结了冬奥气象宣传科普工作。

4.6.5 小结与讨论

北京冬奥会、冬残奥会，是我国重要历史节点的重大标志性活动。特别是在当前复杂的国际环境和疫情防控形势下，北京冬奥会、冬残奥会倍受全世界瞩目。北京冬奥会气象服务是向全世界展示我国气象科技实力的重要窗口，北京冬奥会为我国提供了一次全面检验气象现代化成果的机会。精细化气象预报服务是科技冬奥的重要组成部分，全世界科技界、气象界都在关注北京冬奥气象服务。

冬奥会和冬残奥会气象保障服务探索形成了一套自主可控的高精度山地气象服务技术、一组核心业务支撑平台、一系列数据服务规范、一张"一场一策""一项一策"的赛事气象风险"阈值"表和一个无缝隙精细化冬奥气象预报服务产品体系，一项"提前提示、逐步细化、滚动跟踪、有的放矢"的服务策略，在气象服务保障中得到有效实践，圆满完成了冬奥会气象保障任务，向全世界展示了我国的气象科技实力。

北京冬奥会气象保障工作是一项系统性的庞大工程，本节按照重大活动保障工作流程简要回顾了冬奥气象保障的环节。后续，还需进一步细化和总结，继续探索冬奥气象综合观测、预报预测、气象服务等方面技术成果的应用，为后冬奥时代高水平体育赛事气象服务提供借鉴，发挥更大的效益。

第 5 章　未来发展

伴随着新中国的诞生,气象事业走过了 70 余年,取得了一系列的成绩。站在新的历史起点,党和国家对气象事业提出了更高的要求。北京是现代化大城市,气象服务中依然存在不平衡不充分发展的问题。重大活动气象保障服务作为气象事业发展的重要组成部分,综合反映了气象部门现代化水平。通过重大活动气象保障能力的提升,必将引领气象事业高质量发展更上新台阶。

5.1　机遇和挑战

(1)发展机遇

2014 年 2 月,习近平总书记视察北京,提出了"政治中心、文化中心、国际交往中心和科技创新中心"四个中心的定位和建设国际一流和谐宜居之都的战略目标。2017 年 2 月,习近平总书记再次视察北京,围绕"建设一个什么样的首都,怎样建设首都"提出了新的进一步明确要求。

京津冀协同发展、"四个中心"建设、北京市城市副中心建设、北京冬奥会筹办、解决大城市病等举措,注定北京重大活动多、安全维稳和市场监管压力大、舆论关注高,对气象服务提出更高、更精、更细的要求。气象部门需要准确把握新要求,聚焦国家重大发展和首都经济社会高质量发展的需求,强化气象服务科技创新和加快突破技术瓶颈,全面提升重大活动气象保障能力。这些既是更高的、更新的需求和要求,也为重大活动气象保障能力的提升提供难得的机遇。

(2)面临挑战

①北京地形复杂,预报难度极大

北京西部为西山属太行山脉,北部和东北部为军都山属燕山山脉,东南部是缓缓向渤海倾斜的平原,山区面积约 61%,地形复杂,加上城市热岛效应等因素,使得预报难度极大(图 5.1)。西来的天气系统下山后是增强还是减弱,还有北上系统遇地形的增幅问题,仍然是预报的难点。另一方面,首都气象保障的主要任务是城市生命线的安全运行,气象观测站网布局及预报技术方法的研究也都聚焦中心城区。北京远郊区的重大活动保障越来越多,如北京世界园艺博览会、第二届"一带一路"高峰论坛等。尽管针对北京 2022 年冬奥会气象保障,气象部门已经多次派遣服务团队常驻延庆进行冬训,积累山地气象预报经验,但是对于复杂地形下、不同季节气象保障的技术储备和经验积累还有待于进一步加强。

②重大活动保障关注度高、影响大

重大活动涉及面广、社会关注度高,一次成功的重大活动气象保障,可以大大提升气象部门整体形象,而一次失败的服务也会带来难以弥补的负面影响。随着重大活动各项准备工作的就绪,天气往往成为活动能否顺利举办的唯一决定性因素,也是最不确定的因素。若因为天气因素出现转场或者改期,就有可能会造成前期场地布设所涉及的大量人力、物力资源的浪

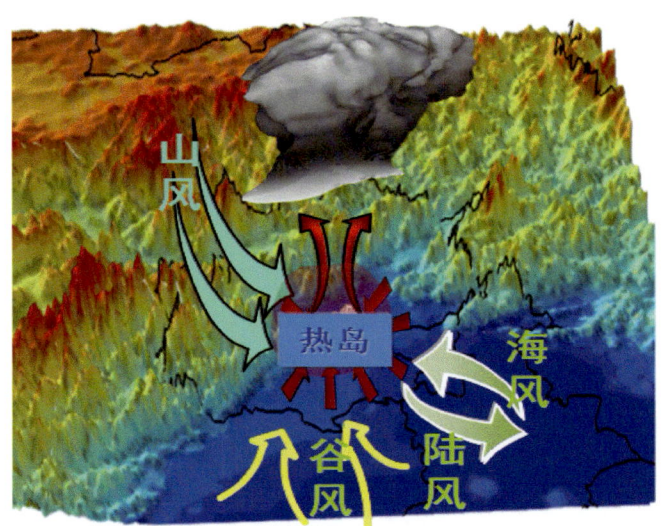

图 5.1 北京及周边复杂的地形分布及盛行海陆风

费,临时调整还可能使得应对工作上出现纰漏,甚至造成整个活动保障的失败。气象预报稍有偏差,气象服务满意度就会大幅下降,给气象部门造成重要影响。即使预报准确,也有可能因中间过程的衔接问题造成效果不如预期的现象。因此,气象决策信息的准确性、提前量,以及整个保障过程的服务对接,对于重大活动保障都很重要。

③首都城市安全运行保障任务繁重

北京是政治中心、文化中心、国际交往中心、科技创新中心,大城市的脆弱性、敏感性决定了首都城市生命线安全运行保障需求大、要求高。北京的重大活动保障日趋常态化,甚至某些年份重大活动保障的工作强度已经超过了城市安全运行保障。体育赛事、交通出行等专业化的气象服务需求更加突出,对气象服务从质和量上都产生出更高的要求与期待。随着重大活动保障的增加,无限需求与服务缺位的矛盾越发突出。因此,迫切需要协调好城市生命线安全运行与重大活动保障之间的关系。

5.2 存在的问题

(1)气象观测水平仍需进一步提高

重大活动保障气象服务往往针对具体的举办地而言,区域性的服务较少。据统计,近十年北京约 80% 的重大活动保障服务对象具有"单点"的特征,覆盖面拓展到某个区域、线路或者全市范围的约占 20%。针对某个具体地点的气象保障对气象要素的细微变化更加关注,需要更为精细的气象资料。尽管北京的气象观测站网已经较为稠密,但针对重大活动更为精细、更高要求的定点观测能力还有待于提高。新中国成立 70 周年庆祝活动保障气象观测的短板显得尤为突出,庆祝活动保障需要提供近地面至 200 m 高度风向风速"立体式"预报服务,尽管在天安门地区临时加建了激光测风雷达,并在灯杆上架设自动观测设备。由于缺乏长时间历史资料的积累,在总结分析预报员的主观预报、数值模式的客观预报的偏差,以及开展更细致的气象要素订正预报方面显得经验不足。

（2）预报预警准确率未能完全满足要求

目前的模式预报对于较明显的大范围天气过程基本预报准确，但是对于局地性较强的天气"疑难杂症"，或者弱天气系统的发生发展及影响区域，没有哪家模式表现出特别明显的优势。首先，人类对大气运动机理的认识还有限，还不能真实地描述大气运动的细微结构。尤其是北京地区地形复杂，超大城市特点突出。其次，气象观测网络还做不到"疏而不漏"。虽然北京气象观测网较为稠密，但这个网络对中小尺度的天气系统会有疏漏，就像大网捞小鱼，容易漏掉，而且观测资料也会存在误差。第三，数值天气预报模型还不能完全模拟大气演变。由于大气是混沌的动力系统，目前计算机还不能真实地模拟大气运动的细微结构，加上观测和扰动方面的误差，使得天气预报还不能做到百分百的准确。美国模式、欧洲模式、日本模式、中国自主研发的GRAPES模式等多家数值模式，以及本地睿图系列中尺度模式为业务人员提供了丰富的模式预报产品，如何快速地从海量的数据和产品中获取有用的信息，高效率地对模式预报产品"去伪存真"，还有待于进一步加强。

（3）系统平台智能化水平有待提高

系统平台的智能化和集约化是重大活动保障的重要工具。北京的决策气象服务平台已经实现了雨情统计、产品一键式分发等相关功能模块的建设，但是决策服务系统的科技支撑薄弱，目前只是初步实现与智能网格预报业务的有效衔接，重大活动气象服务产品的制作效率低、自动化程度、智能化水平有待于提高。大数据分析、人工智能等新技术的应用尚处于起步阶段，模式应用仍停留在看图说话为主的层面，基于客观检验、自动推荐、行为分析的智能预报分析系统还需要进一步投入研发；客观预报技术方法对气象服务产品的制作发布支撑仍不够。特别是突发性高影响天气时，业务人员既要应对城市生命线安全运行决策服务，又要完成重大活动保障服务产品的制作和发布，高频次、全方位的气象服务工作迫切需要智能化的业务平台支撑。

（4）气象影响阈值指标体系尚未建立

重大活动保障大部分气象服务产品还仅仅局限于常规天气预报和数据服务，气象服务的针对性有待于提高。某些重大活动的举办对各项气象要素都有严格的要求，哪怕零星小雨都可能导致活动的失败。不同的重大活动保障关注的气象要素不完全一样，气象条件的影响等级也有很大的差别。对于不同的重大活动保障，关注什么样的气象要素，以及不利气象条件达到什么样的程度时，会影响到重大活动的举办，目前尚未形成完整的气象阈值指标体系。需要加强气象对各类活动的影响，分类别建立阈值指标，开展基于风险的气象服务。

（5）经验丰富的综合型决策人才仍然缺乏

北京的城市安全运行和重大活动保障任务都很重，决策气象服务人员大部分时间和精力都放在日常繁重的值班任务，而在凝练气象服务技术总结、服务策略的深度不够，创新性不足。同时，也存在以天气预报员代替服务人员的问题。真正具备天气预报基础、气象服务经验、较强沟通协调能力的综合型人才依然紧缺。人才队伍建设与日益增长的重大活动保障任务的高标准、严要求仍有差距。新信息技术应用刚刚起步，熟悉大数据、人工智能、云计算等新技术的复合型人才明显不足，在深度开展客观预报技术研发方面的支撑仍有待于进一步加强。

5.3 对策与建议

（1）建设精密型、立体化、多功能的智能气象监测体系

建成布局科学、技术先进、功能完善、管理高效的国际一流综合气象观测网络。提供北京

地区地面 500 m、关键区域 100 m 分辨率气温、风、降水气象监测网格化数据服务资源,垂直大气监测实现区级覆盖率 70%。进一步完善精密型气象观测网。气象观测站网的建设工作涉及人力物力成本的投入,后期的维护也需要持续性的投入。可以有针对性地建立和完善立体化、精细化的气象监测网,提高局部全方位气象观测能力。重大活动期间,辅以移动观测和特种要素观测,以弥补固定气象观测站的不足。同时,针对复杂地形下无法大规模加建站点的重要地区,研发高分辨率气象实况反演产品,以有限的站点对实况产品进行订正,如北京 2022 年冬奥会海陀山地区的预报。

(2)建设精准化、无缝隙、多要素的智慧气象预报体系

现阶段,数值模式预报仍是天气预报的基础。深化大北方区域数值模式协同创新联盟机制建设,集众力、聚众智、汇众创,加快推进睿图模式体系建设;通过改进模式同化技术,加强模式物化过程本地化科学实验,形成无缝隙全链条空地要素协调的 0~72 小时睿图－短期模式体系。同时,为了进一步提高模式预报产品的应用能力,需要加强对不同数值模式性能的评估分析,研究不同天气系统下各模式预报的优缺点,凝练气象预报指标和订正方法,积累模式应用经验,并将经验总结融入数值模式预报和日常业务,进一步提升应用实况资料订正数值模式预报和多模式综合研判的能力。探索 AI 人工智能等新技术在业务中的应用,建立客观评估不同天气条件下模式预报性能技术方法,通过权重分配、动态取优、多模式集成等方法,帮助业务人员快速地从海量数据中获取有用的信息,提高预报准确率和数值模式产品应用效率。

(3)建设精细型、个性化、可视化的智慧气象服务体系

以智能网格预报为基础,建立高影响天气监测、服务产品快速制作发布的一体化平台,形成高时效、高分辨率的动态可视化决策气象服务产品体系,实现与首都重大国事活动常态化运行保障机制的对接,构建满足实际需要的场景式气象服务模式,提升决策和重大活动气象服务保障的智能化、精细化、专业化水平。首先,系统平台需要满足各类预报服务产品快速制作、分发和共享的需求,将业务人员从机械重复的手工操作中进一步解放,提升业务的自动化、智能化水平。其次,通过该系统可以帮助预报员高效率地从海量数据中获取有用的信息,提高资料的分析效率;特别是现场保障遇到高影响天气时,快速地分析资料、做出决断显得尤为重要。最后,气象服务产品的动画、视频等可视化展示同样重要,生动、美观的气象服务产品可以方便预报员和服务对象解读,还可以起到展示和宣传气象工作的作用,彰显综合保障能力。

(4)建立重大活动气象影响指标库

重大活动保障结束后,立足于从用户角度对气象服务效益进行全面系统的评估。根据不同类型的用户设计调查评估方法,分用户开展调查,分析用户期望度、满意度。从服务产品内容的准确性、通俗性和精细化程度,服务手段的便捷性、产品提供的及时性,服务人员综合能力,以及社会经济综合效益等方面综合评判。深入调研重大活动保障需求,了解不同项目关注的气象要素,以及不利气象条件如何影响重大活动保障的举办,分层级、分类型建立气象影响指标体系。针对体育赛事保障,建立分赛事、分项目、分时段的气象影响指标。不断完善重大活动保障气象服务技术总结、服务策略、标准规范等,为开展基于用户承载力及决策服务过程相结合的交互式预报服务提供技术支撑和经验积累,实现传统天气预报向影响预报和风险预警的转变。

(5)完善综合型气象服务人才培养机制

综合性气象服务人才的培养体现了以人为本的理念。重大活动保障要让更多的优秀人才投身首都气象事业,为重大活动保障提供更优质的气象服务。建立阶梯形人才培养机制,为人

才培养设置进阶路线,明确努力的方向。通过阶梯形进阶训练,培养创新型气象服务人员,既满足个人的成长需求,也符合业务发展要求。通过进一步完善体制机制保障,建立一支稳定高效的人才队伍,通过交流、学历培训、岗位培训和专业技能培训等方式,不断提高人员的整体素质。建立以业绩为导向的激励机制,注重在重大活动保障实践中评价人员技术能力,建立与岗位职责、工作技能、实际贡献紧密挂钩的激励和约束机制,激发活力。深入实施人才工程,建立气象服务人才引进机制,为引进高层次的服务人才提供强大的政策保障。

5.4 小结与讨论

2019 年,在新中国气象事业 70 周年之际,习近平总书记对气象工作作出重要指示,要求广大气象工作者发扬优良传统,加快科技创新,推动气象事业高质量发展,提高气象服务保障能力。重大活动是最高级别的决策气象服务,气象部门需要加快构建现代气象服务体系,切实提高气象服务首都"四个中心"建设的现代化水平。建成以智慧气象为重要标志的"国际一流、国内领先、首都特色、准确细致"的气象业务体系;保障首都城市安全运行、经济社会发展和人民需求的现代气象服务体系。

进一步强化重大活动品牌意识,立足于打造重大活动保障精品,增强气象服务的权威性和影响力。利用好气象部门数据资源、专家资源,深度挖掘重大活动保障需求,研发精细化、针对性的决策产品,提供高品质的气象服务。通过重大活动保障品牌创建,提高气象工作的影响力,争取气象基础建设方面的投入,以及相关方面科研支持,大力开展气象影响预报科技攻关,构建和完善重大活动气象保障体系,更好地发挥气象防灾减灾第一道防线的作用。

参考文献

北京冬奥组委体育部,北京 2022 年冬奥会和冬残奥会气象中心,2021. 北京 2022 年冬奥会和冬残奥会赛区气象条件及气象风险分析报告(2021)[M]. 北京:气象出版社.
陈明轩,付宗钰,梁丰,2021."智慧冬奥 2022 天气预报示范计划"进展综述[J]. 气象科技进展,11(6):8-13.
甘璐,初子莹,刘博,等,2016. 关于北京 2022 年冬奥会气象服务需求的调研[C]//全国气象部门优秀调研报告文集. 北京:气象出版社:1-5.
甘璐,吴宏议,刘璐,等,2019. 第二届"一带一路"国际合作高峰论坛气象保障服务分析[J]. 气象软科学(4):35-41.
甘璐,荆浩,吴宏议,2020. 提升重大活动气象保障能力的对策与建议[J]. 气象软科学(4):27-34.
甘璐,郭金兰,雷蕾,等,2021. 北京世园会开幕式期间弱降水天气成因[J]. 气象与环境学报,37(3):12-18.
郭虎,王令,时少英,等,2010. 国庆 60 周年演练中一次降水过程的短时预报服务[J]. 气象,36(10):21-28.
季崇萍,张迎新,乔林,等,2020. 北京天气预报手册[M]. 北京:气象出版社.
李炬,程志刚,张京江,等,2020. 小海陀山冬奥赛场气象观测试验及初步结果分析[J]. 气象,46(9):1178-1188.
刘郁珏,黄倩倩,张涵斌,等,2022. 基于大涡模拟的冬奥赛区风环境精细化评估[J]. 应用气象学报,33(2):129-141.
宋桂英,江靖,狄慧,等,2017. APEC 会议期间呼和浩特市大气污染防控与气象条件分析[J]. 气象与环境学报,33(2):63-69.
王倩倩,陈羿辰,程志刚,等,2022. 海陀山冬奥气象综合观测平台及研究进展[J]. 气象学报,doi:10.11676/qxxb2023.20220029.
吴宏议,李津,张明英,2010. 浅谈现场气象保障服务工作[C]//气象服务发展论坛文集. 北京:气象出版社,282-288.
许臻晔,廖育鲲,黄文婵,等,2018. 马拉松相关心脏骤停与气象因素的相关性分析[J]. 中国运动医学杂志,37(5):65-69.
轩春怡,吴春艳,刘勇洪,2022. 基于风险矩阵的重大活动气象风险评估[J]. 大气科学学报,45(5):791-800.
杨璐,宋林烨,荆浩,等,2022. 复杂地形下高精度风场融合预报订正技术在冬奥会赛区风速预报中的应用研究[J]. 气象,48(2):162-176.
叶殿秀,宋艳玲,张强,2005. 气象条件与北京国际马拉松比赛成绩的关系[J]. 气象科技,33(6):589-593.
尤焕苓,叶彩华,古月,2019. 2017 年北京马拉松气象影响分析与服务技术模式创新探讨[J]. 气象科技进展,9(6):67-69.
张涛,郑永光,毛旭,等,2018. 2016 年 9 月 4 日下午"杭州 G20 峰会"期间短时阵雨天气成因与预报难点[J]. 气象,44(1):42-52.
张永恒,薛建军,温显罡,等,2013. 重大活动决策气象保障服务探讨[J]. 阅江学刊(2):36-42.
中国气象局,2022. 北京 2022 年冬奥会和冬残奥会气象保障服务成果[M]. 北京:气象出版社.
CHEN M X, QUAN J N, MIAO S G, et al, 2018. Enhanced weather research and forecasting in support of the Beijing 2022 Winter Olympic and Paralympic Games[J]. WMO Bulletin, 67(2):58-61.
HOREL J, POTTER T, DUNN L, et al, 2002. Weather support for the 2002 winter Olympic and Paralympic games[J]. Bulletin of the American Meteorological Society. 83(2),227-240.

JOE P,CHRIC D,WALLACE A,et al,2010. Weather services,science advances,and the Vancouver 2010 Olympic and Paralympic Winter Games[J]. Bulletin of the American Meteorological Society, vol 91(1):31-36.

KIKTEV D,JOE P,ISAAC G A,et al,2017. FROST-2014:The Sochi winter olympics international project[J]. Bulletin of the American Meteorological Society,98(9),1908-1929.

LEE G,KIM K,2019. International Collaborative Experiments for Pyeongchang 2018 Olympic and Paralympic winter games(ICEPOP 2018)[Z]. American Geophysical Union,Fall Meeting.